U0162153

茶之最

陈伟群　编著

中国林业出版社

图书在版编目（CIP）数据

茶之最 / 陈伟群编著 .— 北京：中国林业出版社，2022.1

ISBN 978-7-5219-1373-6

Ⅰ . ①茶… Ⅱ . ①陈… Ⅲ . ①茶叶－基本知识 Ⅳ . ① TS272.5

中国版本图书馆 CIP 数据核字（2021）第 208790 号

责任编辑：李　顺　马吉萍
出版发行：（010）83143569

出版发行：中国林业出版社（100009　北京市西城区刘海胡同 7 号）
网　　站：http://www.forestry.gov.cn/lycb.html
印　　刷：北京博海升彩色印刷有限公司
发　　行：中国林业出版社
电　　话：（010）83143500
版　　次：2022 年 1 月第 1 版
印　　次：2022 年 1 月第 1 次
开　　本：710mm × 1000mm　1/16
印　　张：20.25
字　　数：400 千字
定　　价：99.00 元

总　序

中华茶文化的普世性

一、认识中华茶文化形成于唐代，以茶道初步形成为特征

唐代诗僧皎然（约720—800年），在785年所作《饮茶歌诮崔石使君》诗吟“孰知茶道合尔真，唯有丹丘得如此”，首次提出“茶道”一词。这正是中国茶文化蓬勃发展的必然产物。

唐代处士陆羽（733—804年），在780年定稿《茶经》并付梓。《茶经·一之源》“精行俭德之人”，联系着的《茶经·七之事》中追记历史传说典故记载的48则茶事与茶人，又归合为行、俭、德这三方面内容，可以说是反映了“精行俭德之人”的面貌，由此可见陆羽在《茶经》中已经呈现出茶道的道貌。

再者是陆羽《茶经》一出“天下益知饮茶矣”，彻底改观了茶的社会地位，茶，成为一门单独的学问。也可以说，茶的学问，一旦有规律、规仪、规范和上升到社会教化影响，再有规模的运用、遵循、传

播，达到相当受众人数和影响范围，便形成茶道。

如上也能表明：陆羽《茶经》“精行俭德”，已经从道貌的概括传播，变成为形成茶道的指向和行动，推动着中国茶文化蓬勃发展。

二、从《茶经·七之事》来理解中华茶文化的灵魂是“精行俭德”

1. 从陆羽《茶经·七之事》看中华茶文化历史渊源文脉择善行茶

周代已有人工技艺栽培的茶园，从周朝到三国时期均有人工技艺煮茶羹粥，西汉已有制作茶具的技艺和茶叶交易，西晋不但出现茶诗、煮茶专用炉、茶用瓦碗，还发现更多茶树，东晋著有煮茶羹粥的书，南朝宋更讲究种茶制茶技术产御贡茶，南朝梁王族以茶赐人，隋代吉庆聚会歌舞在茶山，唐代已经很讲究采茶的时间对制茶的重要，历代发现许多好茶表明评茶技术不断提高。《茶经·七之事》：（上古）神农发现茶；（商）伊公烹煮茶粥羹、（春秋）晏婴荤食以及茶；（三国）《广雅》说制茶煮饮；（西晋）左思《娇女》诗“画”煮茶；（西晋）孙楚歌茶荈产地；（西晋）黄门用瓦碗盛茶上惠帝；（东晋）郭璞《尔雅注》述茶树形态、性状和叶可煮羹饮；（南朝宋）前谦之《吴兴记》乌程县温山产御荈（茶）；（隋）《坤元录》记在辰州溆浦县山上茶树很多，吉庆时亲族会集歌舞于此山；《括地图》记临遂县有茶溪；《夷陵图经》记“黄牛、荆门、女观以及望州等山都产茶”；《永嘉图经》记“永嘉县东三百里有白茶山”；《淮阴图经》记山阳县有茶坡；（唐）《本草·菜部》载“苦茶，生在四川一带的川谷、山陵和道路两旁，过严冬也不会死；三月三日采制焙干……”。《七之事》补遗：《华阳国志·巴志》（周）“南极黔涪……园有芳蒻香茗”“涪陵郡”“惟出茶、丹、漆、蜜、蜡”；（西汉）王褒《僮约》“烹茶尽具”“武阳买茶”；（东晋）《华阳国志·汉中志》“武都郡……”与《一之源》“武都买茶”同地；（东晋）《华阳国志·蜀志》“什邡县，山出好茶”“南安、武阳，皆出名茶”；（东晋）《华阳国志·南中志》“平夷县，山出茶、蜜”。

2. 从陆羽《茶经 · 七之事》看中华茶文化历史渊源文脉择善俭茶

（西汉）高僧吴理真植茶树七株（公元前 53—前 50 年，最早的茶树人工载培者）；（东晋）高僧支遁（314—366 年）就作《五月长斋诗》：“渊汪道行深，婉婉化理长。”言及“道行深”。陆羽《茶经 · 七之事》还有：（西汉）文学家司马相如以茶作药；（东汉）医学家华佗《食论》记茶增思维；（东汉）壶居士《食忌》记饮茶使人欲仙；（东汉）《桐君录》记“西阳、武昌、庐江、晋陵一带都喜欢饮茶客来清茶招待”；（三国）孙皓以茶代酒；（西晋）刘琨用茶解气闷；（东晋）陆纳杖侄，（东晋）桓温茶果宴客；（东晋）《艺术传》僧人单道开常吃茶不怕冷热；（东晋）僧人法瑶饮茶去老返童；（南朝宋）昙济道人以茶茗待新安王；（南朝）道人陶弘景医学家《杂录》记喝茶能使人轻身换骨；（唐）医学家孙思邈（541—682 年）《（摄养）枕中方》载“治多年的瘘疮用苦茶和蜈蚣一起烤炙”；（唐）徐世勣（594—669）年《本草 · 木部》茶治瘘疮，利小便，去痰渴热，少睡，下气清食；（唐）《孺子方》载“治小儿无故惊厥用苦茶和葱须煎煮服用”。《七之事》补遗：（南朝宋）文学家刘义庆《世说新语》“别敕左右，多与茗汁”。

3. 从陆羽《茶经 · 七之事》看中华茶文化历史渊源文脉择善德茶

（周）周公《尔雅》说“槚就是苦茶”；（周）“南极黔涪……丹漆茶蜜……皆纳贡之”《华阳国志 · 巴志》（茶贡祭祀）；（西汉）扬雄《方言》“蜀西南人谓茶曰蔎”；（西汉）“茶陵的意思；就是出产茶茗的陵谷”《茶陵图经》；（三国）傅巽《七诲》提到“南中茶子”，举茶为八珍；（西晋）虞洪用茶祭祀；（西晋）江统上书责西园卖茶叶败坏国体；（西晋）傅咸为卖茶粥者“站台”；（西晋）张孟阳《登成都楼》诗咏“芳荣冠六清”；（西晋）弘君举《食檄》说用鲜美茶敬客，引文有“霜华之茗”；（东晋）郭璞《尔雅注》述茶还有名茗、荈、苦茶；（东晋）荀奴见（夏侯恺这爱茶人死后饮茶）茶人魂《搜神记》；（东晋）秦精感念采茶引路人《续搜神记》；（东晋）《广陵耆老传》载老妇卖茶所得钱散给穷人；（南朝宋）任瞻问茶不难人更不炫耀自己；（南朝梁）刘孝绰感谢晋安王赐茶等八种食品；（南朝宋）鲍令晖作《香茗赋》；（南朝宋）王微《杂诗》赞“收领今就槚”；（南朝齐）世祖遗诏死后不要牲畜祭祀，“但设饼果、茶饮”；（北朝魏）王肃说茶不能居于奶酪之下；（唐）《本草·木部》载“茗就是苦荼，滋味苦中带甜……”；（唐）《本草·菜部》引文中“苦荼，一名荼，一名选，一名游冬”；（唐）《异苑》载寡妇喝茶前总是用茶虔诚祭祀竟获答报。《七之事》补遗：（周）《周书·顾命篇》“王三宿、三祭、三诧（奠茶三次）”；（西汉）扬雄《蜀都赋》有“百华投春，隆隐分芳，蔓茗荧翠，藻蕊青黄”；（东汉）许慎《说文解字》“茗、荼芽也”。

三、从传承文脉看中华茶文化的普世灵魂是“精行俭德”

自唐代形成中华茶道文化，千年来的传承发展成为中华茶文化三条文脉：茶艺、茶禅、茶德。

1. 中华茶文化的第一条文脉是茶艺

主要的脉络是发现茶、种好茶、制好茶、煮好茶、饮好茶、评好茶、演绎好茶，这是中华茶文化普世性的主要方面。文化特征发自唐代《茶经》归纳的“精行”，即：择善行茶（择善行而从），后来发展形成茶艺文脉。在唐代从“行”字当头，着力点在“喝好茶”，陆羽是领军人物。《茶经》“精行俭德”之“行”，应从这些意思去理解：做，从事；连续贯穿；言，说；施用；事物的发展规律；举止；道行。

历代的代表人物和事：唐代陆羽撰写了世界第一部茶学专著《茶经》，创建了古代茶学。陆羽《茶经·一之源》有“凡艺而不实，植而罕茂”，已经把植茶提高到讲求“艺”。此后经宋、元两代，（宋）赵佶

《大观茶论》、蔡襄《茶录》问世，茶区扩大，福建贡茶团饼技术日臻完善，点茶、斗茶、茶百戏，“焚香、挂画、插花、煮茶”四雅兴盛，茶艺更为精湛。明代朱元璋下旨“罢造龙团”，朱权出《茶谱》，散茶制作技术日益精进。明、清两朝代茶学著作已有六十余种，始形成红茶、绿茶、青茶、黑茶、白茶、黄茶六大茶类和茉莉花茶，民间贸易让中国茶走向世界。当代吴觉农奠定了现代茶学基石。1940 年复旦大学在农艺系内建立茶学专业组，现代茶学（园艺学的分支学科）形成了各具特色的茶树栽培、茶树遗传育种、茶树生理生态、茶树保护、茶叶加工、茶叶机械、茶叶生物化学、茶叶综合利用、茶业经济贸易、茶与人体健康和茶文化教研等分细学科。

新时代这支历史悠久的茶艺文脉已繁荣发展为：独立茶学科、社会化茶艺、茶叶全流通。茶学，发展成一门以农学为基础并包含食品学、经济贸易学和社会学，又涉及农、工、商、文的综合性交叉独立学科；茶文艺，采茶歌、采茶舞、采茶调、茶灯戏，茶剧、茶文学、茶影片；社会茶艺，发展成为以茶艺师证书培训、举止茶修体验教学、少年儿童茶礼教学、茶空间美学教学，茶艺大赛；茶叶全流通，龙头企业带头，形成非遗传承精制、茶叶再加工、茶空间（茶叶经营店、茶馆、网上导流经营）、茶文创产品、茶博会（包括采茶节、斗茶赛和评茶会）、茶旅游、茶出口、渠道再造等产业化发展。

2. 中华茶文化的第二条文脉是茶禅

主要的脉络是以茶为药、以茶提神、以茶养身、以茶待客、节俭简约、茶助禅定、行茶规矩、茶顺道行。茶文化和禅文化融成茶禅文化，是中华茶文化普世性的重大成果。文化特征发自唐代《茶经》归纳的“精俭”，即：择善俭茶（择善俭而从），后来发展形成茶禅文脉。在唐代从“俭”字当头，着力点在“喝醒茶”，怀海、皎然是领军人物。《茶经》“精行俭德”之“俭”，应从这些意思去理解：节省，不浪费；约束，不放纵；恭俭：俭貌（态度谦逊），俭退（俭约谦让），俭然（自谦的样子）。陆羽《茶经》780年付梓之后，茶文化和禅文化融成茶禅文化，成果斐然。

历代的代表人物和事：东晋僧人于卢山植茶，敦煌行人以饮茶为助修。其使由饮而道，融茶禅一味者，则始自唐代由禅僧抚养于禅寺而成长之茶圣陆羽，其著《茶经》，开演新风。佛教禅寺多在高山丛林，栽茶，制茶饮茶，相沿成习。唐代百丈禅师怀海创定《百丈清规》，使人体悟茶之清纯与禅之静寂圆融一体。皎然饮茶诗有“茶道”和“三饮便得道”之语。赵州禅师（778—897年）“吃茶去”成禅宗最著名之大公案。唐代高僧善会（870年）获赐领众僧来到石门夹山，创立夹山灵泉禅院，他所领悟的“猿抱子归青嶂岭，鸟衔花落碧岩泉”的“夹山境地”，成为唐、五代禅宗中最富有代表性和典范意义的禅宗境界。夹山寺是誉满东亚的茶禅祖庭，夹山开山祖师善会讲禅说法品茶悟出了“茶禅一味”。丛林谓过午之后饮食，谓为小药，故茶又谓为茶汤，如药汤然；进士陈吾道建茶庵寺。饭后三碗茶成和尚家风，以茶敬客更是寺院常规。唐代皇室以供养茶、赐茶为供佛施僧的高级礼遇，法门寺地宫密坛供用茶具。自宋至清，举办茶宴，已成寺院中不可或缺的活动。如浙江余杭经山寺即有近千年的茶宴史。藏传佛寺，一般都举行茶会。《瑜伽施食》从唐代流传至今不衰，已成为融佛教教义、文学、音乐、舞美于一体的演唱法本。宋代，荣西高僧两次来到中国参禅，并将圆悟禅师的《碧岩录》以及“茶禅一味”墨宝带回日本，于1191年写成《吃茶养生记》一书，成为日本佛教临济宗和日本茶道的开山祖师。之后大应国师又将中国寺庙饮茶方式传至日本。大应之后继有几位禅僧至中国习茶道并成为茶师。后大德寺一休和尚将茶道之法传弟子珠光，乃融日本文化之特色，创出富有东瀛风味的日本茶道，成为日本传统文化的重要组成部分。其后千利修改良而普行于民间，称为千家流。

新时代这支历史悠久的茶禅文脉已繁荣发展为：中国茶禅文化（包括吴立民发掘的“药师茶供会仪轨”）、日本茶道、韩国茶礼、茶药茶疗。

3. 中华茶文化的第三条文脉是茶德

主要的脉络是认知茶、感恩祭祀、赞美茶、兴茶礼、以茶敬礼、教化育人、励行垂范，这是中华茶文化普世性的灵魂升华。文化特征发自唐代《茶经》归纳的精“德”，即：择善德茶（择善德而从），后来发展形成茶德文脉。在唐代从“德”字当头，着力点在“喝懂茶”，颜真卿是典范人物。《茶经》“精行俭德”之“德”，应从这些意思去理解：人们共同生活行为的准则和规范；有德行的人；行为，特指好的品行；善行，仁爱，仁政；感恩，感激；有道德。

历代的代表人物和事是中国历代的“时代茶范”：（唐）颜真卿、（宋）苏轼、（明）朱权、（清）李渔、（现代）林语堂、（当代）吴觉农、（新时代）张天福，他们灵魂高尚，茶德流芳，令人敬仰。

颜真卿是唐代茶德风气的倡导者，他编纂《韵海镜源》，兴茶会雅集，增进学士以茶交情兴文，促成兴起了唐代湖州文化圈的繁荣；他推动第一个皇家茶工厂——顾渚山贡茶院建成；他出资建“三癸亭”支持陆羽办茶亭，帮助建成“青塘别业”，陆羽入住修订《茶经》，完成三稿并付梓。颜真卿是唐代书法家，他将自己高尚的人格融入书法，创立雄强、壮美、宽博的“颜体”楷书，透露出中正的行为修养，成为中国书法史上唯一能与王羲之雁行的书法家。“书至于颜鲁公”，“颜楷”被后世奉为楷书首典。颜真卿是道德楷模，他为官近五十载，一心为国、一尘不染、一意担当，勤政爱民，惜才兴茶，以自身“云水风度、松柏气节”诠释了茶德精神。颜真卿无愧是唐代茶范，他的茶魂带着唐代的气象和自身的本性：博大。

苏轼与茶结缘终生，长期的地方官经历和贬谪生活，使苏轼足迹遍及江南、华南茶区，他采茶、制茶、点茶、品茶、讲茶、咏茶，情趣盎然；“从来佳茗似佳人”，成了苏轼保持旷达而乐观人生的精神伴侣。他创作有大量的茶事作品，着眼于抒情与人生历程的高性情相贯通，清新豪健，善用夸张比喻，独具风格，广为传咏。苏轼是宋朝文化高度繁荣历程中涌现的文坛领袖，他不但是茶人首席代表，而且是左右宋代茶德风气走向的关键人物，也是影响后代社会茶德修行的众望典范。苏轼无愧是宋代茶范，他的茶魂带着宋代的气象和自身的本性：旷达。

朱权耽乐清虚，悉心茶道，借茶来表明自己的志向和内心世界，达到修身养性；他主张保持茶叶的本色，提倡饮茶方式要方便、简单，顺应茶本身的自然之性，推动了叶茶（散茶）发展；他将饮茶经验和体会写成《茶谱》传世。朱权以隐士之力参与促进明代文化艺术呈现世俗化趋势，他不但是明代茶人杰出代表，而且是推动明代茶德风气走向的重要人物，也是影响明代社会茶德修行的突出典范。朱权称得上是明代茶范，他的茶魂带着明代的气象和自身的人性：清真。

李渔是真茶客，对茶具、茶道、茶品等方面富有研究，还创作过以茶为题材的文学作品，并常将茶事作为展开故事情节的重要手段。李渔论饮茶，讲求艺术与实用的统一，《闲情偶寄》中，记述了他的品茶经验和论述，对后人有很大的启发。李渔以民间文人之身励行清代文化艺术世俗化，他不但是清代有作为的茶人代表，而且是推动清代茶德风气和茶美学走向的重要人物，也是影响清代社会茶德修行的突出典范。李渔称得上是清代茶范，他的茶魂带着清代的气象和自身的本性：融化。

林语堂直面人生，并不缀以惨淡的笔墨；讲改造国民性，但并不攻击任何对象，而以观者的姿态把世间纷繁视为一出戏，书写其滑稽可笑处；品茶，进而追求一种心灵的启悟，以达到冲淡的心境。他称得上是现代茶范，他的茶魂带着现代的气象和自身的本性：诙谐。

当代茶圣吴觉农，博学多才，不慕官禄，艰苦创业，矢志许茶，为我国当代茶学理论、科研育人、产销贸易等方面作出了划时代的不可磨灭的贡献，他是我国当代茶学的开拓者和奠基人。吴觉农不愧是时代茶范，他的茶魂带着当代中国的气象和自身的本性：担当。

张天福坚持养成良好生活习惯，黎明即起，清茶一杯……美好生活靠努力创造。“一叶香茗伴百载，俭清和静人如茶”，张天福老人是茶人享茶寿108岁的古今唯一人。张天福不愧为新时代茶范，他的茶魂带着当代中国新时代的气象和自身的本性：中和。

时代茶范是与所处时代同呼吸共命运的著名茶人的顶级代表，是左右所处时代茶德风气走向的关键人物，是影响后代社会茶德修行的众望典范。

综上论述得出总结论：

①“精行俭德”贯通于中华茶文化普世光大源远流长。中华茶文化的普世灵魂是“精行俭德”。

②“精行俭德”连系着中华茶文化的自然萌发期，成为唐代中华茶道文化形成的标志和灵魂。“精行俭德”，普世引领《茶经》问世后中华茶文化发展方向，普世贯通中华茶文化的三个文脉茶艺、茶禅、茶德。

③中华茶文化的普世性有“四个维度一个高度”：第一个维度，中华茶文化“三个文脉”是从“精行俭德”繁延伸展，“三个文脉”各自主脉从唐代以来无间断繁荣发展，是中华茶文化的普世性。第二个维度，“三个文脉”相互借鉴从唐代以来有交集又各有主脉的发展，也是中华茶文化的普世性。第三个维度，“三个文脉”是平行的、相互促进而不是进化关系的认识，这是中华茶文化的普世性。第四个维度，“精行俭德”融入生命德育贯穿于人的生活（既是快乐主义的侧重生命好状态的努力，又是德行主义的侧重精神好状态的努力），也还是中华茶文化的普世性。一个高度，“以茶为载体，传播中华文化”，就是要以茶艺、

茶禅、茶德“三个文脉”为载体来传播中华文化，这则是中华茶文化普世性的更高境界和使命。

④茶，从“举国之饮”发展到“举世之饮”，茶是世界三大饮品之一，全球有60多个国家和地区种植茶叶，160多个国家和地区有茶叶消费习惯，饮茶人口近30亿。2019年12月，联合国大会宣布将每年5月21日确定为“国际茶日”，以赞美茶叶的经济、社会和文化价值，促进全球农业文明的可持续发展。习近平总书记多次论及茶，并给首个“国际茶日”发贺信，2021年3月在武夷山考察时指明：“要把茶文化、茶产业、茶科技统筹起来，今后要成为乡村振兴的支柱产业。”这是具有高度标志的新时代中华茶文化的普世性。

时值“中华茶文化经典丛书”一一面世，特以此文为序。

“中华茶文化经典丛书”主编 陈伟群

2021年11月

前　言

茶树的最早发源地、最早发现地，茶叶的最早使用地都在中国，中国是茶的故乡。中华茶文化历史悠久，源远流长，传播世界。中华茶文化需要守正创新、大力普及，故尝试从选题创新、题目创新、编校创新、体例创新、知识创新的角度编著这本《茶之最》，为中华茶文化的传播与普及尽微薄之力。

《茶之最》是"中华茶文化经典丛书"中的一本。本书是中国和国外茶文化史料的浩瀚大海中涌现的一束"经典"浪花；全书撷取古今中外的茶之"最"，不但穷尽手头资料和所藏的历史物件，而且尽可能节录原文；不但追根溯源，而且记录演化沿革；不但有考证结果或给倾向认识，而且也注意列具有代表性的不同观点；以便读者查阅、研学。

编著《茶之最》，是以历史唯物主义的观点，不是孤立地研究或表述"茶之最"，而是同时反映与"茶之最"互相联系于何时、何地、何人、何事，及何因、何相关的系统性、连贯性、多重性。

《茶之最》的编写出版，是从零星关注茶之源、茶“第一”和茶的文化、产业、科技已达到的高度，向更系统、准确地关注“茶之最”，迈出第一步。《茶之最》是茶“最”辞源第一本书，也是轻便学茶的第一本书，任重道远。尽管编著历时5年，但难免疏漏差错，真诚欢迎专家、学者和广大读者提供勘误、补正，以便再版时修正。联系邮箱：2710002626@qq.com。

编著者

2021年11月

目　录

17 茶范 / 189

18 茶空间 / 197

19 茶贸易 / 209

20 茶政 / 223

21 茶传播 / 243

22 茶教育 / 285

23 茶数据 / 291

茶植物

01

- 大茶树之“最”
- 海拔最高的野生古茶树群落
- 最早的古茶籽化石
- 最早的人工种植茶树遗存
- 最早的茶叶标本
- 传说最早发现茶的人
- 记载最早种植茶树的人
- 记载最早的茶树选种
- 世界上古茶树资源最多的地方
- 最早给茶物种定学名的时间
- 山茶科山茶属茶树最多的国家
- 茶树品种最多的国家
- 茶树生长的最宜条件

大茶树之“最”

一、野生大茶树最集中的地方

中国云南省的西双版纳和普洱市（思茅、澜沧）发现有千年以上的野生大茶树外，云南省的昭通、金平、师宗、临沧、镇康，贵州省的赤水、道真、桐梓、普白、习水，四川省的宜宾、古蔺及广西的凤凰、巴平等地，发现有高达 7 ～ 26 米的野生大茶树。

二、现活最高的野生型“茶树王”

现活最早的野生型“茶树王”，发现于中国云南省西双版纳傣族自治州勐海县巴达乡大黑山的原始森林中，海拔 1500 米。树高 32.12 米(20 世纪 70 年代中期，因大风折断主干，现为 14.7 米)，地径 1 米，树龄约 1700 年。叶色深绿，叶形椭圆，叶面光滑富革质，主脉明显，侧脉 8 ～ 11 对，叶长平均 14 厘米，叶宽平均为 6 厘米。这也是目前世界上已发现的植株最高的野生大茶树。

三、现活最早的野生型大茶树

千家寨 1 号古茶树是 1991 年才发现的，这是世界上最大的野生古茶树，它生长在海拔 2000 多米的原始森林中，位于中国云南省普洱市镇沅县九甲镇哀牢山自然保护区，高达 25.6 米，专家推测树龄约 2700 年。

四、现活最早的过渡型“茶树王”

现活最早的过渡型“茶树王”，是在 1999 年发现在海拔 1900 米的中国云南省普洱市澜沧拉祜族自治县富东乡邦葳村新寨，树高 12 米，树龄上千年。主干基部直径 1.14 米，叶长平均 13.3 厘米，叶宽平均 5.3 厘米。据专家用科学方法进行化验分析，这株古茶树所含的化学成分和细胞组织结构与栽培型茶树相同，但树冠、花柱、花粉粒、茶果皮等特征却与野生茶树接近，故属于过渡型，是介乎野生型与栽培型之间的过渡型大茶树。这一发现，填补了茶叶演化史上的一个重要缺环，同时也是中国是世界茶叶起源地和发祥地、云南思茅是世界最早种茶之地的最为有力的证据。1997 年 4 月 8 日，中国邮电部发行这株邦葳过渡型古茶树的纪念邮票，以“国家名片”推介给全世界。

它也是迄今全世界范围内发现的唯一古老的过渡型大茶树。

五、最有名的三株“古茶树”

1. 锦绣茶尊

位于距离中国云南省临沧市凤庆县 70 多千米的香竹箐，海拔 2245 米，茶树树高 10.6 米，腰围 5.82 米，树龄高达 3200 年以上。这是目前世界上发现的最粗大的古茶树，也是最古老的栽培型大茶树，被誉为“锦绣茶尊”。

2. 最古老的普洱“茶树王”

在中国云南省普洱市有棵“茶树王”，高 13 米，树冠 32 米，专家推测已有 1700 年的历史，是普洱市现存最古老的茶树。

3. 西双版纳“茶树王”

在中国云南省西双版纳州勐海县格朗和乡南糯山村古茶园中有株存活已有 800 多年的栽培型“茶树王”，树高 5.3 米，树幅 9.35 米，地径 0.76 米，胸径 0.40 米，形状奇特，比一般栽培型茶树含量高，直至现在茶树仍四季郁郁葱葱。

海拔最高的野生古茶树群落

已发现海拔最高的野生古茶树群落，在中国云南省临沧市双江和耿马交界的大雪山中上部，分布面积约为 800 公顷，海拔范围为 2200 ～ 2750 米，是中山湿性常绿阔叶林下的大理茶野生种群。

此茶树群落位于林下原为极优势的竹子层片，由于 1992 年竹子集体开花死亡，古茶群落方才为人所知。此茶树群落为目前已知的海拔最高、密度最大、数量最多的大理茶种群。

2002 年 12 月 5 至 8 日，专家们深入勐库大雪山，对野生古茶树群落进行了实地考察和论证，得出了科学的鉴定意见。专家们一致认为，在双江勐库大雪山中上部一带发现的野生古茶树群落所处植被类型属于南亚热带山地季雨林，野生古茶树为二级乔木层优势树种，其生长密度（包括自然繁衍的植株）平均为一个样方（62 平方米）19 株，达到构成植物自然群落的密度要求。古茶树群落属原生自然植被，且保存完好，自然更新力强，生物多样性极为丰富，具有极为重要的科学和保存价值，是珍贵的自然遗产。

专家们对大雪山中上部的大平掌近 2 平方千米的地块内有代表性的 25 株古茶树进行了形态特征的测量、观察和标本采集，其高度为 4.3～30.8 米，树幅为 2 米 ×2 米～16.2 米 ×18.6 米，胸围为 0.42～3.1 米（胸径 0.13 ～ 1 米），最低分枝高度 1 ～ 5.7 米，均是典型的乔木茶树。其中，1 号大茶树位于海拔 2720 米处，株高 16.8 米，基围 3.25 米（地径 1.04 米），胸围 3.1 米（胸径 1 米），树幅 13.7 米 ×10.6 米，分枝中等，树姿半开张，叶片水平状着生，嫩枝及芽体无毛，平均叶长 13.7 厘米，宽 6.3 厘米，叶片椭圆形；叶色绿有光泽，叶面平，叶尖渐尖，叶质较脆，叶缘近 1/3 无齿，叶脉 9 ～ 10 对，叶柄、叶背、主脉均无茸毛；鳞片 3 ～ 4 个，呈微紫红色，无毛，芽叶基部紫红色；萼片 5 个，绿色无毛；花冠平均直径 4.0 ～ 4.5 厘米，花瓣薄软，白色无毛，雌雄蕊比低，花柱0.7厘米，柱头5裂，裂位1/3～1/2，子房5室，密披茸毛。根据这一植物学形态特征，勐库古茶树在分类上属于山茶科山茶属大理茶（*Camellia talinsis*），是一个较为原始的野生茶树，但具有茶树的一切形态特征和茶树功能性成分（茶多酚、氨基酸和咖啡碱等），可以制茶饮用。

最早发现的“1+1 号”大茶树其形态特征与 1 号大茶树相似，均属大理茶种。

勐库野生古茶树是一个野生茶树物种，在进化上比普洱茶（*Camellia sinensis* var. *assamica*）（包括若干栽培品种，如勐库大叶茶等）原始。

最早的古茶籽化石

1980 年，中国的科研人员在中国贵州省晴隆县碧痕镇新庄云头大山，海拔 1700m 的深山老林中，发现一块古茶籽化石。经中国科学院地球化学研究所和中国科学院南京地质古生物研究所鉴定，确认为四球茶籽化石，地质年代在晚第三纪至第四纪，距今至少已有 100 万年，是世界上迄今为止发现最古老的、唯一的茶籽化石。“四球茶籽化石”，不是 4 粒茶籽化石。四球茶，是生息于贵州黔西南境内海拔 1700 ～ 1950m 群山茂林内的珍稀古茶树。这一块古茶籽化石的发现，把世界茶历史推进了一百万年以上。同时，也成为了“茶起源于中国”的又一重要实物证明。百万年前的古茶籽化石，可以让人们透过时空隧道，看到在低纬度、高海拔、寡日照、多云雾、无污染的广阔大地上，茶籽生长成林……

目前贵州省 200 年以上的古茶树有 15 万株以上，其中千年以上古茶树近千株，各种类型的茶树品种资源非常丰富。2017 年 8 月 3 日贵州省第十二届人民代表大会常务委员会通过《贵州省古茶树保护条例》，明确落实古茶树养护管理责任。

古茶籽化石

四球茶茶籽

最早的人工种植茶树遗存

1973年，在距今7000年前的余姚河姆渡遗址（今中国浙江省宁波市余姚市田螺山一带），中国考古专家发现了一些堆积在古村落干栏式房屋附近的植物叶片，并被认定为原始茶遗物。2004—2011年，考古专家又在河姆渡遗址附近的田螺山遗址距今6000多年前的文化层中，发现了两大片密集树根根块，经中日专家共同检测，初步认定这些树根为茶树。

考古部门和科研机构对该植物遗存的考古出土环境、根茎外观形态、木材切片显微镜观察、茶氨酸含量等，开展了综合分析、检测，发现它们呈现出人工栽培茶树的多方面特征。从田螺山所发现的考古实物来看，尚没有发现饮茶的证据。最早种植茶树与先民已经认识"茶"及有饮茶习惯这之间还不能划等号，也许当时的先民，并未发现其为茶（荼）树，只是把茶树当作植物来种植，用作祭祀植物、建材植物、观赏植物。

2015年，浙江省文物考古研究所，中国农业科学院茶叶研究所联合在杭州召开关于田螺山遗址考古发掘研究成果发布会，向社会正式宣布河姆渡文化田螺山遗址考古发掘和研究的这项重要成果——田螺山遗址出土约距今6000年左右的山茶属树根，经专家综合分析和多家专业机构的检测鉴定，被认定为山茶属茶种植物的遗存，是迄今为止我国境内考古发现最早的人工种植茶树的遗存。

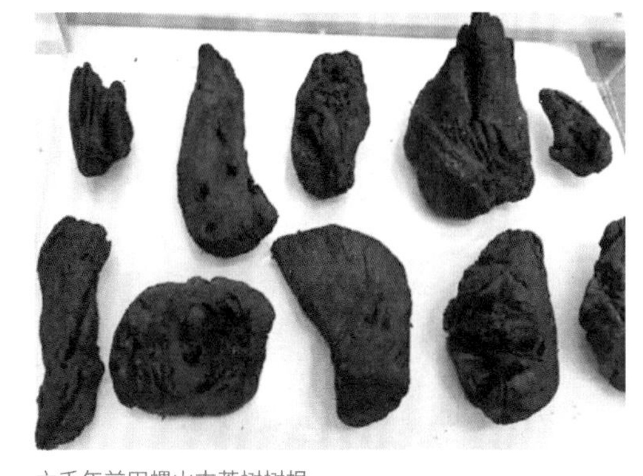

六千年前田螺山古茶树树根

最早的茶叶标本

已发现的最古老的茶叶标本历史有多久？陕西省考古研究院在汉景帝（公元前 156 年—前 141 年）阳陵的考古发掘发现，告诉人们距今约 2100 年。茶叶出土于汉阳陵第 15 号外藏坑中。

2007 年 8 月，陕西省考古研究院曾委托中国科学院地质与地球物理研究所，对第 15 号外藏坑、第 16 号外藏坑中出土的植物遗存进行了鉴定，初步归认结果为："棕黄色层状集合体，由宽约 1mm，长约 4～5mm 的细长叶组成"，但尚未确定其植物种类。

2015 年，中国科学院地质与地球物理研究所，利用植物微体化石和生物标志物方法对茶叶标本重新进行了鉴定。鉴定结果表明，汉阳陵第 15 号外藏坑（外藏坑的太官坑，太官是汉代的一个官名，负责皇帝日常的膳食）出土植物样品为古代茶叶，而且几乎全部由茶芽制成。这成为了汉景帝阳陵博物院"镇馆之宝"，是中国悠久茶史的实物力证。茶叶样本实物当时与很多碳化了的粮食遗存混杂在一起。这表明在汉代，茶叶已出现在宫廷膳食中，主要是做为烹煮茶羹、茶粥、茶菜，即"烹茶"的食材。

汉景帝阳陵出土的茶叶标本

2021 年 11 月 25 日新华社发稿《考古新进展：中国茶文化可追溯至战国早期》（记者：萧海川、闫祥岭）。报道说：“记者 25 日从山东大学获悉，经学校科研团队研究，出土自山东济宁邹城市邾国故城遗址西岗墓地一号战国墓随葬的茶叶样品，为煮泡过的茶叶残渣。这为茶文化起源上溯至战国早期的偏早阶段，提供了实物证据。相关研究成果，已发表在学术刊物《考古与文物》2021 年第 5 期。”这一研究成果把“已发现的最早的茶叶植物标本”提前到公元前 453—前 410 年，比原有成果提前了 300 多年。

传说最早发现茶的人

在中国上古的三皇时期，神农尝百草，发现茶的解毒作用，进而发现茶对人的药用，人类开始食用性地用茶。世界上第一部茶专著（唐）陆羽《茶经》有载：“茶之为饮，发乎神农氏，闻于鲁周公。”用现代的表述就是说，茶作为饮料，开始于神农氏（炎帝）；周公（周朝的周文王之子鲁公）所撰《尔雅》中做了文字记载而为世人所知。

从神农发现茶后，茶怎么标识呢？因其口味苦而开初是用“荼”字。中国古文并无“茶”字，“盖荼即茶也”。茶最早的时候写作“荼”。中国古代很长时期里对植物还没有“草本”与“木本”的明确之分，在中国最早的诗歌总集《诗经》中九次出现“荼”，不全是指茶。最早是在（唐）陆羽《茶经》付梓前二十五年编成的（唐）《开元文字音义》中，见有（“荼”少了一横的）“茶”字。

从神农发现茶后，人们对茶植物也有新发现。茶树，是以叶用为主的多年生常绿植物。茶起源于中国，在中国西南发现了最古老的茶籽化石和存活有千年以上的古茶树。人工栽培茶树大约始于三千年以前。常见的栽培茶树是被子植物门—双子叶植物纲—原始花被亚纲—山茶目—山茶科—山茶属—茶亚属—茶组—茶系中的茶种。

从神农发现茶后，人们在关于茶的发现溯源时，往往引用“神农尝百草，日遇七十二毒，得茶而解之”这样一段话，说是出自《神农本草经》。而实际上，《神农本草经》最早由三国时期的医学家吴普（华陀弟子）辑存流传，直到清代的名家辑本，均未见有过这段话。

人类发现茶，数千年来不断深化和丰富，而都还归认是神农发现了茶，奉神农为“茶祖”。

记载最早种植茶树的人

有文字记载的人工栽培茶树，最早始于中国 2000 多年前的西汉甘露年间（公元前 53 年—前 50 年）的蒙山（今四川省雅安市名山区）。种茶人是西汉严道的吴理真，他被后人尊为“植茶始祖”。

相传，为母亲治病，吴理真踏遍蒙山寻草药，采得野生茶树枝叶，熬成汤药，母亲服用后病治好了。吴理真决心多种植茶树以方便百姓治病，便把先后找到的 7 株野生树茶，作为第一批育种的茶树，选定在蒙顶五峰之间（今皇茶园）一带亲自种植。吴理真为了开荒种茶，管理茶园，在蒙顶山岭搭棚造屋，掘井取水。现今蒙顶山上尚存有蒙泉井、甘露石室等文物古迹。

汉代人以汉碑记载这事迹。唐代唐玄宗封此地为皇茶院，宋代宋孝宗封此地为“皇茶园”，保护有“蒙山皇茶院遗址”至今。

在中国古代的史籍中，有不少关于吴理真种植茶树的记载。五代时期著名的毛文锡《茶谱》记载：“蜀之雅州有蒙山，山有五顶，有茶园。”陶谷的《清异录》载：“吴理真住蒙顶，结庵种茶凡三年，味方全美，得绝佳者曰‘圣扬花’‘吉祥蕊’。”宋代孙渐《智炬寺留题》诗说：“昔有汉道人，剃草初为祖。分来建溪芽，寸寸培新土。至今满蒙顶，品倍毛家谱。”明代《杨慎记》载：“西汉理真，俗姓吴氏，修活民之行，种茶蒙顶……”《四川通志》卷四十记有：“汉时名山县西十五里的蒙山甘露寺祖师吴理真，修活民之行，种茶蒙顶。”

记载最早的茶树选种

世界上开展茶树选种活动，以中国最早，中国茶树选种活动始于晋朝（265—420 年），茶树选种活动当先于文字记载。史料记载：晋武帝（265—290 年）时，安徽宣城人秦精即在今湖北省鄂城县武昌山采集大叶种茶树。记载见于《茶经 · 七之事》引《续搜神记》："宣城人秦精，常入武昌山采茗，遇一毛人长丈余，引精至山下，示以丛茗而去。"

宋代宋子安《东溪试茶录》也有："茶宜高山之阴，而喜日阳之早，自北苑凤山南直苦竹园头，东南属张坑头，皆高远先阳处，岁发常早，芽极肥乳，非民间所比；次出壑源岭，高土决地，茶味甲于诸焙。"由此可见，中国茶树选种工作，最少也有上千年的历史。

世界上古茶树资源最多的地方

世界上古茶树资源最多的地方是云南省临沧市。

古茶树资源包括野生茶树和栽培型古茶树，云南省临沧市茶树资源十分丰富，是古茶树遗产存量最大、最具代表性的地区。1981 年中国农科院茶叶研究所、云南农科院茶叶研究所和临沧地区茶叶研究所组成的茶树种质资源考察组，对临沧市的凤庆、云县、临沧、双江、永德、镇康 6 个县 32 个村（点）做了全面考察，采集茶树标本 77 份，其中栽培型茶树标本 50 份，野生型茶树标本 23 份，近缘植物标本 4 份，经分类学家张宏达教授和中国茶科所、云南茶科所鉴定分类，全市共有 4 个茶系，8 个茶种，其中大苞茶为临沧地区独有种。

临沧市南起沧源县单甲乡，北至凤庆县诗礼乡，在海拔 1050 ～ 2720 米范围内的原始森林和次生林中，有大量野生茶树分布，在双江勐库帮

骂大雪山、沧源县糯良大黑山、单甲大黑山、凤庆山顶塘大山、临沧县南美发现了种群数量巨大的野生茶树。最具代表性的野生茶树资源为勐库野生古茶树群落和云县茶房大苞茶。

临沧驯化栽培型茶树，史料载有1000多年的历史。最早见于唐代《蛮书》:“茶出银生城界诸山，散收，无采造法，蒙舍蛮以椒、姜、桂和烹饮之。”唐朝南诏时期银生节度的辖区曾一度包括今临沧市，“银生城界诸山”包括今云县漫湾、忙怀、茶房、大石。《顺宁杂著》记载:“楚僧洪鉴名王缙和尚，来此……建立禅院，名曰:‘太华寺’。太华寺为顺宁禅林第一寺，其谷间多有茶，味淡而微香，较普洱茶细，邻郡多购，觅者，不可多得。”古代先民驯化栽培茶树的历史，应早于史料记载。在凤庆、双江、沧源、云县、临沧县境内均保存有树龄数百年甚至更长的栽培型古茶树。

对大叶茶栽培史具有划时代意义的应首推凤庆香竹箐大茶树和双江勐库冰岛古茶园。云南双江勐库古茶园与茶文化系统位于双江拉祜族佤族布朗族傣族自治县，涉及6个乡（镇）和2个农场，总面积16万亩[1]。系统内1.27万亩野生古茶树群落，是目前国内外已发现海拔最高、密度最大、分布最广、原生植被保存最为完整的野生古茶树群落，是茶树种质资源和生物多样性的基因库，是中国首个以古茶山命名的国家级森林公园。

1　1亩=1/15公顷。

最早给茶物种定学名的时间

最早给茶物种定学名的时间是 1753 年。

公元 780 年，唐代陆羽《茶经》就已经全面地记载了茶的名和茶的形态特征、茶的栽种和采制过程、茶的功效。作为药用列入方剂的就有上百种。

1753 年，瑞典植物学家林奈在他所著的《植物种志》（*Species plantarum*，1753）第一卷中最早给茶树定了学名 *The a sinensis*，L.，“L”为林奈的名字缩写，“sinensis”是拉丁文中国的意思。1950 年，中国植物学家钱崇澍根据国际命名法有关要求，结合茶特性的研

1753 年，瑞典植物学家林奈在他所著的《植物种志》（*Species plantarum*，1753）中给茶树定了学名

究，确定了茶树学名为 *Camellia sinensis*（L.）O.Kuntze.。茶，灌木、乔木或小乔木，嫩枝无毛。叶革质，长圆形或椭圆形，先端钝或尖锐，基部楔形，上面发亮，下面无毛或初时有柔毛，边缘有锯齿，叶柄无毛。花白色，花柄有时稍长；萼片阔卵形至圆形，无毛，宿存；花瓣阔卵形，基部略连合，背面无毛，有时有短柔毛；子房密生白毛；花柱无毛。蒴果 3 球形或 1 ～ 2 球形，高 1.1 ～ 1.5 厘米，每球有种子 1 ～ 2 粒。花期 10 月至翌年 2 月。

山茶科山茶属茶树最多的国家

中国是世界上已发现的山茶科（Theaceae）山茶属（*camellia*）茶树最多的国家。

据《中国迁地栽培植物志·山茶科》记载，世界上已发现的山茶科植物有 36 属 700 余种，其中中国有 15 属 480 余种，集中分布于西南地区。

世界上已发现的山茶科山茶属 280 余种，其中中国有 238 种。

山茶属是山茶科中最大的属，和山茶科其他的属相比，它是相对较原始的种系，花的数目较多，分化水平较低。山茶属植物集中分布于亚洲东部和东南部，大约在南纬 7°到北纬 35°，东经 80° ~140°，其中 80% 以上的种类主要分布在中国西南和南部的云南、广西、广东、贵州、四川、重庆和湖南等省（自治区、直辖市），其余少数种散布于邻近的中南半岛、日本、印度及尼泊尔等地，是典型的华夏植物区系的代表。

茶树品种最多的国家

茶树品种最多的国家是中国。

茶树品种，是人工栽培茶树的产物，是通过对野生茶树的驯化，以及人工育种的各种途径，不断优选形成和丰富起来的。茶树发源地中心在中国西南地区，而且中国人工栽培茶树种植分布区域广泛，加上经受的生态条件和生产条件复杂，茶树生殖上的异质性，容易产生变异，这就为开展茶树选种工作，创造了有利条件。由于自然资源雄厚，以及茶农的积极改良培育，大大丰富了中国茶树品种。

中国已发现的（包括中国台湾统计 24 种在内）茶树栽培品种 600 多个，已有性状和特性记载的茶树地方品种有 350 个以上。在这个不完全的统计中，不包括优良的单株、名丛，也不包括新选育的茶树品种或品系。历史上选出的优良单株、名丛也很丰富，仅福建武夷山一地，有名丛花名记载的，不下千种。中国现有国家审（认）定的茶树品种 96 个，省级审（认）定的茶树品种 118 个，其中由中国农业科学院茶叶研究所选育的龙井 43、福建省农业科学院茶叶研究所选育的福云 7、8、23 号，曾荣获全国科学大会的科研成果奖。1965 年中国茶叶学会在福州举行的茶树品种资源学术讨论会，从当时已知的茶树地方品种中，评选出 21 个优良品种，包括著名的云南大叶种、福鼎大白茶（又称福鼎白毫）等，推荐在生产中应用。

茶树生长的最宜条件

茶树原生于亚热带，在它系统发育过程中，形成了喜温、喜湿、喜荫的特性。

茶树生长的最适气温一般在 18 ～ 30 摄氏度，年平均气温 15 ～ 23 摄氏度。茶树生长的最高临界温度一般为 45 摄氏度，超过 35 摄氏度茶树新梢就会生长缓慢或停止；当气温持续超过 45 摄氏度时，茶树枝梢就会出现枯萎 、叶片脱落。在冬季，茶树枝梢耐低温能力的最低温度为 -16 ～ -6 摄氏度，对最低温度的要求还因品种而异，大叶种一般为 -6 摄氏度，中小叶种一般为 -16 ～ -12 摄氏度（北部茶区种植的均为中小叶种）。每年春天，当日平均气温达到 10 摄氏度以上连续 5 ～ 7 天后，茶树新梢茶芽就开始萌动生长。茶籽萌发的最佳温度是 25 ～ 28 摄氏度。年有效积温 4000 ～ 8000 摄氏度均适宜茶树生长，以 6000 摄氏度左右为最适宜。土温在 10 ～ 25 摄氏度时适宜茶树根系生长；最适宜土温为 25 ～ 30 摄氏度；在低于 10 摄氏度的土壤中，茶树的根系生长较缓慢。在低温干燥多风的天气条件下，茶树最易受冻；海拔在 1000 米以上的茶树，也有冻害。一般来说，在拥有一定海拔的山区，雨量充沛，云雾多，空气湿度大，漫射光较强，日夜温差大，都有利于茶树的生长发育和茶叶中有机物的合成和富集。

茶树最适宜生长的年降水量约为 1500 毫米。茶树要求土壤相对持水量一般为 60% ～ 90%。空气相对湿度为 70% ～ 90%，低于 50% 对茶树生长发育不利。土壤中也不能长期积水，土壤水分过多、通气不良会致使茶树根系发育受阻。茶树在弱酸性土壤中（pH 值为 4.0 ～ 6.5）可以正常生长，pH 值在 4.5 ～ 5.5 最适合。土壤质地一般以砂质红壤土为好，红壤以及黄壤本身具有质地疏松的特点。茶树的根系较发达，通常主根长达 100 厘米以上。想要让茶树根系能较好生长，土层厚度至少需在 100 厘米以上，熟化层和半熟化层应有 50 厘米，底土要有风化松软、疏松多孔的母岩。

02 茶产地

- 记载最早的茶产地
- 茶树最早的发源地
- 世界上最大的产茶国
- 中国生产茶叶种类最多的省份
- 中国最北端的产茶地
- 中国最南端的产茶地
- 中国海拔最高的茶园
- 中国最大的茶园
- 中国最古老的茶区
- 中国茶叶生产最集中的茶区
- 中国最适合茶树生长的茶区
- 中国最北部的茶区

记载最早的茶产地

中国的古籍文献中，关于茶产地的记载有许多。

记载最早的茶产地是“巴蜀”，出自于西晋文学家孙楚（220—293年）的传世诗歌《出歌》的第五句“姜桂茶荈出巴蜀”。诗歌全文：

出　歌

孙楚

茱萸出芳树颠。

鲤鱼出洛水泉。

白盐出河东。

美豉出鲁渊。

姜桂茶荈出巴蜀。

椒橘木兰出高山。

蓼苏出沟渠。

精稗出中田。

其他的相关记载还有：

西晋（256—317年）《荆州土地记》：“武陵七县通出茶，最好。”

东晋史学家常璩（约291—361年），公元347年后，专注于修史，撰写于晋穆帝永和四年至永和十年（348—354年）的《华阳国志》(《华阳国志》全书共十二卷，是中国现存最早、最完整的一部地方志，为研究中国西南地区地方历史、地理、人物等的地方志著作。全书分为巴志，汉中志，蜀志，南中志，公孙述、刘二牧志，刘先主志等卷）其中的《巴志》载："涪陵郡……惟出茶、丹、漆、蜜、蜡""什邡县，山出好茶""南安、武阳皆出名茶。"《巴志》中提到，周武王于公元前1066年联合巴蜀部落共同讨纣之后，封侯将当地所产的茶列为贡品，并记载有"园有芳蒻香茗"。《南中志》载："平夷县，郡治。有砯津、安乐水。山出茶、蜜。"

南朝宋代文学家山谦之（424—453年）《吴兴记》载："乌程县西二十里，有温山，出御荈"，这也是记载最早的贡茶和贡茶苑地。

南朝梁代文学家任昉（460—508年），字彦升乐安博昌（今山东寿光）人，撰《述异记》2卷，卷上有："巴东有真香茗。"

南北朝（420—589年）裴渊《坤元录》："辰州溆浦县西北三百五十里无射山……山上多茶树。"

宋代李昉、李穆、徐铉等学者奉敕编纂《太平御览》，成书于太平兴国八年（983年）十月。卷867引《桐君录》："西阳、武昌、晋陵皆出好茗。巴东别有真香茗。"

茶树最早的发源地

一、"发源地"与"原产地"的异同

"原产地"，原意是指来源地、由来的地方；多用于指商品、产品。如，商品的原产地是指货物或产品的最初来源，即产品的生产地。进出口商品的原产地是指作为商品而进入国际贸易流通的货物的来源，即商品的产生地、生产地、制造或产生实质改变的加工地。

"发源地"，英文：matrix，通常指可考证的、物质范畴的发出、根源之处。

二、茶树发源地之争

大量的历史资料和近代调查研究材料，都指向：中国是世界上最早发现茶树和利用茶树的国家，是茶树发源地。

瑞典科学家林奈在1753年出版的《植物种志》中，就将茶树的最初学名定名为拉丁文中国的意思。但在1824年，驻印度的英国少校勃鲁士在印度阿萨姆省沙地耶发现有野生茶树，于是，国外有人以此为证对中国是茶树发源地提出了异议。从此，在国际学术界开展了一场茶树发源地之争。国外学者中有代表性的论点主要四个，即中国说、印度说、无名高地说和二源说（中国、印度都是发源地）。

中国专家学者从历史学、地理学、人类学、植物学、生物学等各个角度进行了热烈而深入的研究和探讨，归纳起来主要有四个观点：

观点一：茶树发源地位于中国西南地区。这个观点比较广义，涵盖了四川（包括今重庆）、云南、贵州、广西等省（自治区、直辖市）的广大区域，是最开始研究茶树发源地问题之一的吴觉农先生断然否定了茶树原产印度等学说后提出来的。当时国内尚未就茶树发源地的具体区域展开进一步研究。

观点二：茶树发源地大致位于元江、礼社江（元江上游水系）的西南，下关至保山一线的东南，即云南西南高原地区；确切说，云南西双版纳是茶树原产地。西双版纳现时的主要产茶地是南糯、景迈、布朗、易武、攸乐等五大茶山，这一观点是陈椽教授明确提出来的。陈老更进一步强调："茶树原产地与茶叶（指饮茶、制茶等茶文化范畴）原产地是两码事；云南野生的中间型、矮而健壮的小乔木，皋卢种，是茶树原种；它向东迁移为我国东部及东南部的中叶种或小叶种，称为武夷变种；向南迁移变成为上部缅甸和越南的大叶种，树型类似皋卢原种的中间型小乔木，称为掸部变种；向西南迁移变成为印度的大叶种，树型类似高大乔术，叶片特别大，但其形态类似皋卢原种，称为阿萨姆变种。现在云南大叶种是皋卢原种经过人为驯化的，介在大叶种与小叶种之间。大叶种、中叶种、小叶种同是从云南皋卢原种向北或南推移，为了适应环境条件而发生的变异。"

观点三：茶树起源中心位于云贵高原的大娄山附近以及邻近的川（包括今渝）、湘、桂、鄂（古代巴蜀所在地）等少数民族居住较多的地方。庄晚芳教授是这一观点的主张者。

观点四：茶树发源地在中国其他区域。周文棠等人认为《中国鄂西山地是茶树原产地》；史念书在《茶业的起源和传播》一文中论述了神农氏及其部落移徙的情形，以为茶起源于湖北西部地区，起源时期大致在夏朝；马湘泳称受史文启发，考以史籍，认为"鄂西川东的神农架和大巴山一带，很可能是茶树的起源中心"。

三、值得重视的茶树发源地的观点

资料显示，中国已有 10 个省区发现了野生大茶树。1986 年 1 月，由中国农业科学院茶叶研究所主编的《中国茶树栽培学》出版发行，综合对照山茶属植物的地理分布和现已发现的野生乔木大叶茶树的主要特征特性等研究资料，认为“云南、贵州、广西、四川等毗邻地区”是我国茶树发源地的中心地带。

按照达尔文的进化论原理：“每一个种最初都只能出现于一个区域中，而后向四周迁移到分布环境和从前以及目前的条件所允许的地方去。”显然，每一个种的起源中心就是其分布区的中心。郭元超先生根据实地考察，认为茶的原产中心区域应以现代野生茶树总群的分布中心区域东经 98° ~108°、北纬 22° ~29°为其起源中心（“三江”：以流经云南西部和南部的怒江、澜沧江、元江流域为主要分布区；“滇东—桂西”，即以滇东文山与桂西右江流域的百色、凌云、乐业、西林与左江流域的龙州、上思等地为主要分布区，交会地带为主要分布区和“南岭”以岭南粤、桂两省为主要分布区，向北延伸至湘南、赣南；向东北延伸至武夷山系等四大种群），其初始的中心应比现今分布中心地带稍北偏东一些。其三角点应为川东南、滇东南、桂西北。

四、最新的研究考证

近几十年来中国学者又从地质变迁和气候变化出发，结合茶树的自然分布与演化，对茶树发源地做了更为深入的分析和论证，进一步证明了中国西南地区是茶树发源地。

1. 从近缘植物分布看，茶在植物学分类中属于山茶科山茶属。世界上已发现的山茶科植物 36 属，700 余种，而在中国就有 15 属，480 余种，且大部分分布在中国云南、贵州和四川、重庆一带；世界上已发现的山茶科山茶属植物有 280 余种，其中中国有 238 余种；世界上已发现的山茶科山茶属茶组植物 37 个种和 3 个变种，共 40 种，中国有 38 种，另 2 种分别在中国与越南边界的越南一侧、中国与缅甸边界的缅甸一侧。茶树种占有重要的地位，由于山茶科山茶属植物在中国西南地区的高度集中，表明中国的西南地区是山茶科植物，也是山茶属植物的发源中心，中国西南地区是茶树的发源地。

2. 从地质变迁看，中国西南地区有川滇河谷和云贵高原，近 100 万年以来，由于河谷的不断下切和高原的不断上升，绝对高差达 5000~6500 米，从而使西南地区既有起伏的群山，又有纵横交错的河谷，地形变化多端，因此形成了许许多多的小地貌区和小气候区。这样，原来生长在这里的茶树，逐渐分置在热带、亚热带和温带气候之中。从而使最初的茶树原种逐渐向两极延伸、分化，最终出现了茶树的种内变异，发展成了热带型和亚热带型的大叶种和中叶种茶树，以及温带型的中叶种和小叶种茶树。

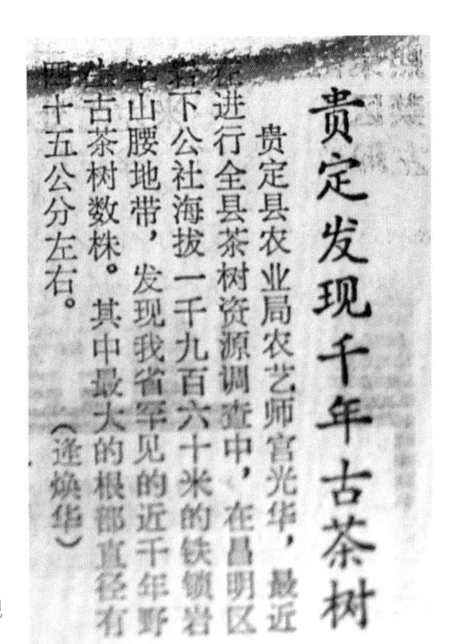

贵定发现千年古茶树

贵定县农业局农艺师宫光华，最近在进行全县茶树资源调查中，在昌明区岩下公社海拔一千九百六十米的铁锁岩山腰地带，发现我省罕见的近千年野生古茶树数株。其中最大的根部直径有四十五公分左右。（逢焕华）

20 世纪 80 年代贵州发现千年茶树的新闻报道

3. 从茶树的自然分布看茶树所属的山茶科山茶属植物起源于上白垩纪至新生代第三纪，它的分布在劳亚古大陆的热带和亚热带地区。中国的西南地区位于劳亚古大陆的南缘，在地质上的喜马拉雅山运动发生前，这里气候炎热，雨量充沛，是当地热带植物区系的大温床。自第四纪以来，云南、四川南部和贵州一带，由于受到冰河期灾害较轻，保存有世界上数量最多、树型最大的野生大茶树，并且既有大叶种、中叶种和小叶种茶树，又有乔木型、小乔木型和灌木型茶树。植物学家认为：某种植物变异最多的地方，就是这种植物起源的中心地带。中国西南几个省（自治区），是茶树变异最多，资源最丰富的地方，是茶树起源的中心地带。

4. 从茶树的进化类型看，凡是原始型茶树比较集中的地区，当属茶树的发源地所在。茶学工作者的调查研究和观察分析表明，中国的西南几个省及其毗邻地区的野生大茶树，具有原始型茶树的形态特征和生化特性。这也证明了中国西南地区是茶树发源地的中心地带。

世界上最大的产茶国

中国是世界上最大的产茶国，茶叶种植面积、茶叶产量、茶叶消费总量均居世界第一。2020 年，中国茶叶种植面积 4747.69 万亩，占世界茶叶种植面积的 61%；中国茶叶产量 279.9 万吨，占世界茶叶产量 45%；中国茶叶消费总量 220.16 万吨，占世界茶叶消费总量 39%。中国生产的茶类世界最多也最全，是绿、白、黄、青、红、黑 6 大茶类和花茶的生产工艺原创国家，也是唯一生产有全部茶类（绿、白、黄、青、红、黑 6 大茶类和花茶）的国家。

中国的茶叶种植，大致分为四个大茶区，即华南茶区、西南茶区、江南茶区、江北茶区。华南茶区堪称中国产茶之最。

华南茶区包括南岭以南的广东、广西、福建、海南、台湾等省（自治区）。该茶区水热资源丰富，土壤肥沃，以生产红茶、乌龙茶为主；该茶区气温较高，特别是海南和台湾，近热带气候，受海洋影响，各季的气温变化不大，茶树一年四季均可生长。华南茶区在历史上形成的加工茶叶的种类有绿茶、青茶（乌龙茶）、白茶、红茶、六堡茶、茉莉花茶等。该区的青茶（乌龙茶）、白茶、红茶、茉莉花茶最有特色，品种繁多，品质优良。

中国生产茶叶种类最多的省份

中国生产茶叶种类最多的省份是福建省。

福建省是茶叶大省，不只是生产茶叶种类最多。中国有 6 大茶类：绿茶、白茶、黄茶、青茶（乌龙茶）、红茶、黑茶加上茉莉花茶，福建省生产有绿茶、白茶、青茶（乌龙茶）、红茶、茉莉花茶；而且白茶、青茶（乌龙茶）、红茶、茉莉花茶的原创制作工艺都发源于福建省。此外，福建省的茶叶产量居全国前茅。

福建省生产茶叶种类中最具代表性的是：天山绿茶、福鼎白茶、武夷岩茶、安溪铁观音、正山小种红茶、福州茉莉花茶。

1. 天山绿茶

宁德蕉城“天山绿茶”是福建绿茶极品，天山产茶历史悠久，三国至晋期已有产茶，唐“蜡面”贡茶，宋产团饼茶，明清制“芽茶”贡品。近代改制烘青绿茶，炒茶，称“天山绿茶”。

2. 福鼎白茶

唐代陆羽著的《茶经》引用隋代的《永嘉图经》：“永嘉县东三百里有白茶山。”据陈椽、张天福等茶业专家考证，白茶山就是太姥山。宋代（宋徽宗）赵佶《大观茶论·白茶》：“白茶自为一种，与常茶不同。”历史上白茶主产于福建省的政和、建阳、松溪、福鼎等地。

3. 武夷岩茶

武夷山产品始于六朝，唐产蜡面贡茶，元明产绿茶。武夷岩茶为闽北乌龙茶上品，它源于清，产于武夷山三十峰，七十二涧，九十九岩中，有“岩之有茶，非岩不茶”之誉。

4. 安溪铁观音

安溪县自古代即有产茶。清雍正元年，西坪镇松林头（今松岩村）茶农魏荫发现并开始种植“铁观音”茶树，经后人不断培育和改进制茶工艺，成为今天闽南乌龙茶的极品。

5. 正山小种红茶

福建特有的小种红茶，是世界红茶的鼻祖。创制于明代隆庆二年（1568 年），原创地、主产区在崇安（今福建省武夷山市星村镇桐木关村一带）。

6. 茉莉花茶

茉莉花茶又叫茉莉香片，属于花茶，已有 1000 多年历史。世界茉莉花茶发源地为福建福州。在清朝时被列为贡品，有 150 多年历史。福州茉莉花茶源于汉，中医的创新促进福州茉莉花茶诞生，宋朝中医局方学派对香气和茶保健作用的充分认识，引发香茶热，诞生了数十种香茶。

中国最北端的产茶地

位于北纬37.43°的山东省蓬莱市刘家沟是中国最北端的产茶地。《中国茶树栽培学》明示：茶树对生长的自然条件和水分条件要求很高，种植土壤要呈酸性，种植区域年降水量需在1200毫米以上，冬季温度不能低于5摄氏度，在北纬30°以北种植的茶树难成活。

2011年，蓬莱市茶叶研究所与山东省农科院茶学研究中心密切合作，建起了100余亩无性系茶树良种栽培试验基地，其间不断完善茶苗品质和生产技术。蓬莱刘家沟这个背风的山坡里，独特的气候条件、水文条件和地质条件下产出的茶叶具有叶片肥厚，冲泡、内质好，滋味浓和香气高等特点。

山东省是中国最北端的产茶省。20世纪70年代，中国茶叶专家引用南方比较抗寒的品种在山东日照、莒县、临沂等地进行试种。采取了一系列保护过冬的措施，使“南茶北引”获得成功。在试种成功的地区也出现了不少名优茶，其中莒县的“浮来青”和青岛的“崂山绿茶”最有名气。

“崂山绿茶”产于山东省青岛崂山（北纬36.10°）。崂山茶树引种始于1959年，是南茶北引最早的茶叶试验点和江北绿茶发源地之一。

“浮来青”产于山东省日照市莒县夏庄一带。而莒县位于山东省东南部，日照市西部（北纬35.19°～36.02°）。浮来青是一种条形或扁平的炒青绿茶。浮来青芽壮叶肥，栗香浓郁，汤色绿明，滋味鲜醇。

中国最南端的产茶地

位于北纬 18.30°左右的海南省保亭县金江农场毛岸茶场，有茶园近 300 亩茶园和百年古茶树，是中国最南端的产茶地。

海南省五指山产茶地区有保亭县的茶场、白沙黎族自治县的茶场。白沙绿茶，属半烘炒绿茶，又名五指山茶。它属于新创名茶，创制于 20 世纪 60 年代，产于海南省五指山区白沙黎族自治县境内的白沙茶场，是海南茶的代表。白沙绿茶品质特征：外形紧结细直，显芽锋，色泽绿润有光，汤色黄绿明亮，栗香高，滋味浓醇，叶底肥嫩成朵，具有清香爽口、持久而耐冲泡的特点。最大的特色是香气明快高扬，滋味浓厚明朗。

海南五指山白沙茶场

中国海拔最高的茶园

中国海拔最高的茶园是在四川省甘孜藏族自治州九龙县境内海拔2500米左右的一片古树茶园。

九龙县的古树茶园夹在川藏茶马古道和滇藏茶马古道之间。古茶园位于两州三县交界处，凉山州，甘孜州。九龙县，冕宁县，木里县。整个茶园依山而傍，临水而居。雅砻江水从古茶园的山脚滔滔不绝的流过。古茶园曾经是茶马古道上的一个驿站。藏在雪域秘境深处的古茶园，得高山雪水浇灌，吸冰川雪野之灵气，受高原充沛阳光之沐浴。茶叶纯天然，无污染，品质优良，全部采摘为1芽1叶，1芽2叶制作。成品雪域高原茶叶汤色红亮，香气持久，味醇回甘，彰显雪域高原茶叶天然优异的特质。

四川省九龙县天乡茶树

西藏波密县易贡乡易贡沟易贡茶场

中国海拔最高的农垦茶场在西藏林芝市波密县（的西北部）易贡乡易贡沟易贡茶场，茶叶种植的历史已有60年，它开创了西藏地区的种茶先河。

整条易贡沟有5000多亩的茶园，易贡沟谷地的海拔有2200米左右，易贡沟被两侧高大的雪山夹住，山巅上积着耀眼的雪，雪线之下的山坡上，植被浓密如地毯，山脚有伸展的蓝色易贡湖。这个地方的氧含量更高，沟谷中的阳光正宜，谷地上的茶园，小气候湿润，深秋清晨的易贡沟被浓雾笼罩，草木的每一片叶子都被浓雾浸润，形成无数微小的水珠。1960年，根据当时西藏军区生产部指示，原18军和后勤部队的部分干部战士留驻易贡，建设军垦农场，主要负责供应茶叶、水果等副食品。1963年，易贡军垦农场就近从四川名山县移植中小叶茶树试种，并取得成功。这次茶叶试种具有开创性的意义，开启了藏区规模化茶叶种植的历史。

中国最大的茶园

中国最大的茶园是浙江省丽水市松阳县大木山骑行茶园，整个茶园连片面积超过 8 万亩。

松阳县位于浙江省西南部，自古以来就盛产茶叶，在唐朝最为盛名成为贡品，现今全县拥有茶园面积超过 11 万亩，有超过 8 万多农民从事茶产业，是名副其实的中国名茶之乡。

大木山骑行茶园区内丘陵连绵，这里连片茶园面积超过 8 万亩，置身其中，仿佛置身于“绿色海洋”，一眼望不到尽头。大木山骑行茶园骑行路线 20 余千米，其中休闲骑行环线 8.3 千米，也是目前国内最大的、最长的骑行茶园。骑着自行车穿梭其中，不远处是连绵不断的丘陵，近处是一拢一拢规规矩矩的茶树，不仅景色宜人，而且茶香四溢。

浙江省丽水市松阳县大木山骑行茶园一角

中国最古老的茶区

西南茶区包括云南（滇）、四川（川）、重庆（渝）、贵州（黔）和西藏东南（藏东南）等地。这是中国最古老的茶区，不管是从树种、历史记载还是从茶品加工方面都是有据可查的。一如陆羽的《茶经》开篇所言：“茶者，南方之嘉木也，一尺，两尺，乃至数十尺，凡巴山峡川有二人合抱者，伐而掇之。”这里所讲的就是四川、云南等地的乔木种茶树。

该茶区的年平均气温在 15 ～ 16 摄氏度，冬季较为温暖，最低气温在 10 摄氏度左右，年降水量在 1200 ～ 2000 毫米。气候温和较平稳，水分与热量（气温、积温）条件较好。特别是云南茶区，冬不寒、夏不热，极其适宜茶树生长。适产红碎茶、绿茶、普洱茶、边销茶、名特茶等。

西南茶区各地形成了各自有代表性和影响力的茶叶区域公用品牌：普洱茶（云南）、凤庆滇红（云南）、蒙顶山茶（四川）、宜宾早茶（四川）、永川秀芽（重庆）、都匀毛尖（贵州）、湄潭翠芽（贵州）等。

中国茶叶生产最集中的茶区

江南茶区包括长江中下游以南的浙江（浙）、安徽南部（皖南）、江苏南部（苏南）、江西（赣）、湖北（鄂）、湖南（湘）等，是中国目前茶叶生产最集中的茶区，是中国茶分布广阔区，还是中国绿茶产量最高的地区。江南茶区茶树主要以灌木种为主。

该茶区年平均气温为 15 ～ 18 摄氏度，冬季气温一般在 5 ～ 8 摄氏度，年降水量在 1400 ～ 1600 毫米，春夏季占全年降水量的 60% ～ 80%，秋季较为干旱。季节均匀，四季分明，气温宜于茶树生长，并有充足的降水，因此，气候条件对茶树生长发育，以及制茶品质都较有利。该区茶园大多处于丘陵低山地区，土层较薄，土壤结构稍差。江南茶区茶叶的种类主要为绿茶、青茶、花茶和名特茶，也生产红茶、砖茶、黄茶。

江南茶区形成了有代表性和有影响力的茶叶区域公用品牌：西湖龙井（浙江）、安吉白茶（浙江）、黄山毛峰（安徽）、祁门红茶（安徽）、六安瓜片（安徽）、太平猴魁（安徽）、洞庭山碧螺春（江苏）、庐山云雾茶（江西）、恩施玉露（湖北）、武当道茶（湖北）、安化黑茶（湖南）、碣滩茶（湖南）。

中国最适合茶树生长的茶区

中国最适合茶树生长的茶区是华南茶区，这也是中国茶树生长的舒适区。

华南茶区包括南岭以南的广东（粤）、广西（桂）、福建（闽）、海南（琼）、台湾（台）等省（自治区、直辖市）。该茶区水热资源丰富，土壤肥沃，以生产红茶、乌龙茶为主。该茶区气温较高，除闽北、粤北和桂北等少数地区外，年平均气温为 19 ～ 22 摄氏度，是各茶区里气温最高的地区；年降水量一般为 1200 ～ 2000 毫米。特别是海南和台湾，亚热带气候，受海洋影响，各季的气温变化不大，茶树一年四季均可生长。华南茶区适宜加工的茶叶种类有乌龙茶、红茶、六堡茶、白茶、花茶等。该区的乌龙茶、白茶、花茶最有特色，品种繁多，品质优良。华南茶区堪称中国产茶之最。

华南茶区形成了有代表性和影响力的茶叶区域公用品牌：安溪铁观音（福建）、武夷岩茶（福建）、福鼎白茶（福建）、英德红茶（广东）、凤凰单枞（广东）、福州茉莉花茶（福建）、横县茉莉花茶（广西）等。

中国最北部的茶区

江北茶区是中国最北部的茶区，也是中国茶树适宜生长区。

江北茶区包括长江中下游以北的山东（鲁）、安徽北部（皖北）、陕西南部（陕南）、江苏北部（苏北）、河南（豫）、甘肃（甘）等地。该地区地形较复杂，与其他茶区相比，气温较低，降水量较少，茶区年平均气温为 15 ～ 16 摄氏度，冬季绝对最低气温一般为 -10 摄氏度左右。该茶区年降水量为 700 ～ 1000 毫米，是中国所有茶区里降水量最少的茶区，茶树新梢生长期短。部分年份还可能出现干旱，影响茶树的生长。江北茶区土质黏重，肥力欠高，但有些山区土层深厚、有机质含量高，种茶品质较优异。江北茶区茶叶的种类以绿茶为主，茶叶具有耐泡、滋味浓厚的特点。

江北茶区形成了有代表性和有影响力的茶叶区域公用品牌：日照绿茶（山东）、汉中仙毫（陕西）、信阳毛尖（河南）。

03 茶名

- 最早的“茶”字摩崖石刻
- 最早的“茶”字
- 最早且唯一以“茶”命名的县
- 茶相关地名最多的地方

最早的“茶”字摩崖石刻

福建省南安市丰州镇莲花峰，它东连清源山西接九日山，有众多摩崖题刻。石刻中，“莲花茶襟，太元丙子”八个大字年代很早，是最早“茶”字的摩崖石刻，题于东晋孝武帝司马曜太元元年（376 年）。其意为：站在莲花峰上俯视，漫山遍野尽是茶树，如襟如带，让人胸怀开阔。“茶”字不言而喻就是“茶”。可见晋代时在南安丰州一带种植茶已有一定规模。

秦、汉朝代，已有饮食荼（茶），魏、晋、南北朝饮茶渐广。随着晋代人衣冠南渡和闽地佛教的兴盛，饮茶也在闽地传播开来。先民的饮茶活动踪迹，福建各地发现的晋至南朝古墓葬出土的各类青瓷茶具，也佐证了先民在闽地的饮茶活动。

摩崖石刻是中国古代的一种石刻艺术，指在山崖石壁上所刻的书法、造像或者岩画。摩崖石刻起源于远古时代的一种记事方式，盛行于北朝时期，直至隋唐以及宋元以后连绵不断。摩崖石刻有着丰富的历史内涵和史料价值。

这方摩崖石刻标明的年代，比唐代陆羽《茶经》的问世，早 400 余年；也比最早记有福建佳茗的古代茶论（五代毛文锡撰写的）《茶谱》(把福州方山露芽、柏岩、建州北苑先春龙焙载入)，早 500 多年，弥足珍贵。是最早记载可见证植茶历史的文字。

“莲花茶襟，太元丙子”，摩崖石刻是最早的“茶”字摩崖题刻，石刻位于莲花峰的石亭寺后。此摩崖石刻是最早的“茶”字摩崖题刻。1956 年修建华侨中学因炸石被毁，仅留拓本。现代临刻补镌的“莲花茶襟，太元丙子”八字在莲花石北面。

莲花峰莲花茶襟摩崖石刻

最早的“茶”字

“茶”字是由“茶”字演变过来的。在中唐（约公元 8 世纪）以前表示“茶”的字，就是“茶”字。随着饮茶之风日盛和茶树的更多种植，人们对茶的认识逐渐提高，认识到茶树是木本植物，就把最下面似“禾”的偏旁改为“木”，从“茶”字的似“禾”的偏旁去掉一划（撇）而衍出“茶”字。

“茶”字最早见于收集了西周初年至春秋中叶的中国古代最早的诗歌总集《诗经》，但《诗经》在不少诗篇中所说的“茶”，并不是茶，如:《尔雅 · 释草第十三》“茶，苦菜[2]”。《诗经 · 国风 · 邶国之谷风》有“谁谓茶苦，其甘如荠”。而是在《豳风七月篇》的“采茶薪樗，食我农夫。”初次表示茶的的含义。最早明确包含有“茶”意义的“茶”字，是《尔雅 · 释木》中的“槚，苦茶”。槚（又作榎）从木，当为木本，则苦茶亦为木本，由此知苦茶非从草的苦菜而是从木的茶。《尔雅》是西汉以前古书训诂的总汇，不是一人一时所作，成书于西汉，可以确定以“槚”代茶不会晚于西汉，但槚作茶不常见。

东汉许慎的《说文解字》也说:“茶，苦茶也”。西汉王褒《僮约》中有“烹茶尽具”“武阳买茶”，一般认为这里的“茶”指茶。因为，如果是田野里常见的普通苦菜，就没有必要到很远的外地武阳去买。王褒《僮约》成于西汉宣帝神爵三年（公元前 59 年），“茶”借指茶当在公元前 59 年之前。“茶”也是中唐以前对“茶”的最主要称谓。

《晏子春秋》:“婴相景公时，食脱粟之饭，炙三弋、五卵，茗菜而

2　苦菜：苦菜为田野自生之多年生草本，菊科。

已。”这里所说的“茗菜”就是用茶叶做的“凉拌菜”。东晋郭璞在《尔雅注》中认为其为普通茶树，它“树小如栀子。冬生（意为常绿）叶，可煮作羹饮。今呼早来为茶，晚取者为茗”。茗（古通萌）在旧题汉东方朔著，晋张华注《神异记》载：“余姚人虞洪入山采茗”；晋郭璞《尔雅》：“槚，苦荼”，注云：“早取为荼，晚取为茗，或一曰荈，蜀人名之苦荼。”唐前饮茶往往是生煮羹饮，因此，年初正、二月采的是上年生的老叶，三、四月采的才是当年的新芽，所以晚采的反而是“茗”。以茗专指茶芽，当在汉晋之时。“茗”由专指茶芽进一步又泛指茶，沿用至尽。

西汉司马相如《凡将篇》中提到的“荈诧”就是茶。荈为茶的记载还见于《三国志·吴书·韦曜传》：“曜饮酒不过二升，皓初礼异，密赐茶荈以代酒”，茶荈代酒，荈，是茶饮料。晋杜育作《荈赋》。南朝宋山谦之的《吴兴记》中称为“荈”。五代宋初人陶谷《清异录》中有“荈茗部”。“荈”字除指茶外没有其他意义，是在“茶”字出现之前的茶的专有名字，但南北朝后就很少使用了。

西汉末年扬雄的《方言论》中有“蜀西南人谓茶曰蔎”。以蔎指茶仅蜀西南这样用，应属方言用法，古籍仅此一见。在《神农本草经》(约成于汉代）中，称茶为“荼草”或“选”。东汉的《桐君录》(撰人不详)中谓之“瓜芦木”。东晋裴渊的《广州记》中称之谓“皋芦”。

在古籍史料中，茶的名称很多，唐代陆羽在《茶经》中也小结：“其名，一曰茶，二曰槚，三曰蔎，四曰茗，五曰荈。”

“茶”字从“荼”中简化出来的萌芽，始发于汉代，古汉印中，有些“荼”字已减去笔，成为“茶”字之形了。不仅字形，“茶”的读音在西汉已经确立。如现在湖南省的茶陵，西汉时曾是刘欣的领地，俗称“荼”王城，是当时长沙国13个属县之一，称为“荼陵”县。在《汉书·地理志》中，“荼陵”的“荼”，颜师古注为：音弋奢反，又音丈加反。这个反切注音，就是现在“茶”字的读音。从这个现象看，“荼”字读音的确立，要早于“茶”字字形的确立。先秦开始到唐代以前，茶字的字音、字形、字义尚未定型，而早在汉代就出现了茶字的读音和字形。此后，三国时张辑撰的《广雅》、西晋陈寿撰的《三国志·韦曜传》、晋代张华撰的《博物志》等，也都出现过“荼”字的字形。而茶字的形、音、义的统一确立，则是在中唐以后。

“茶”字的形、音、义的确立，最早始于唐代苏恭（原名苏敬，唐代药学家，599—674 年）的《本草》（《唐本草》《新修本草》）。《唐本草》是唐高宗永徽中（650—655 年）李勣等修编，唐高宗显庆中（656—661 年）苏恭、长孙无忌等 22 人重加详注。自后不再写“荼”字，而都是写“茶”字。“茶”字的形、音、义的颁示，是在唐玄宗开元二十三年（735 年）通过《开源文字音义》（唐玄宗为此书作序）颁示公卿。陆羽《茶经》（780 年）的付梓影响极大，加速使“茶”成为通用的名称。《茶经》（780 年付梓）原注中：“（茶）从草当作茶，其字出《开元文字音义》。”

最早且唯一以“茶”命名的县

茶陵县，位于中国湖南省东部，《汉书 · 地理志》作“荼陵”，今湖南省株洲市茶陵县东七十里古城营。茶陵，即茶山之陵。据文献记载，茶陵开始因产茶而被称为茶乡，据《后汉书 · 郡国志》记载“炎帝巡游天下，积劳成疾”而“炎帝神农，葬长沙”。宋代罗泌撰《路史》记述：“崩葬于茶乡之尾，是曰茶陵”。据《汉书 · 王子侯表》载：“汉武帝元朔年四年（公元前 125 年）分封刘䜣‘茶陵节侯’，桂阳郡‘茶乡’升置‘茶陵县’。”《汉书 · 地理志》载：“当时长沙有十三个属县，茶陵侯是其中一个。”“茶陵”之名沿用至今已有两千多年的历史。经查阅《中国地名志》，茶陵县是最早且唯一以“茶”命名的县。

唐代陆羽在《茶经》中引用《茶陵图经》云：“茶陵者，所谓陵谷生茶茗焉。”这就是说：茶陵县，就是因为山陵河谷中盛产茶叶而得名。清代陆廷灿在其《茶经》中更加明确指出“茶山”是茶陵的云阳山。书中写道：“长沙茶陵州，地居茶山之阴，因名。昔炎帝葬于茶山之野。茶山，即云阳山，其陵谷间多生茶茗故也。”成书于战国时期的我国第一部中医药典《神农本草经》，就将口头流传的茶之起源记载了下来：“神农尝百草，日遇七十二毒，得荼（唐以前称茶为荼）而解之。”而“神农尝百草”就发生在“茶山”，即茶陵的云阳山。司马迁《史记 · 五帝本纪》载：“炎帝葬于茶山之野。”茶陵产茶的历史可追溯到炎帝时代。陆羽《茶经 · 六之饮》中说：“茶之为饮，发乎神农氏，闻于鲁周公。”

茶相关地名最多的地方

一个市与茶相关的地名有100多处，以茶命名的地方俯拾皆是，茶名不但可以窥见茶事曾经的繁华，也是该地特有的茶史“活化石”，这就是中国湖南省娄底市。

娄底市茶地名的出现，流传着很多茶事典故和传说。经调查，娄底市与茶相关的地名有100多处，其中：双峰县有31处，新化县51处，涟源市12处，娄星区7处，冷水江市3处。这些茶地名的产生主要是：该地种植茶园、该地是茶叶集市，还有是该地加工茶叶或提供茶水。大多数地名源自历史传承。

明嘉靖二十二年（1543年）《湖南通志》载：“茶叶新化最多。”新化县奉家镇的百茶源村，是渠江水系的三大发源地之一。“百茶源”，自古口口相传，说该地盛产茶叶。百茶源，崇山峻岭，树林茂密，土地肥沃，常年云雾缭绕，空气湿润。渠江从峡谷中蜿蜒穿行而过，沿渠江顺溪而下，两岸峡谷相对平缓背风的地方，一小块一小块的茶树丛生。

以“千斤茶园”命名的地方在新化县有5处，分别位于洋溪镇、古台山林场和荣华乡，这些地方不但是产茶地，而且因茶树产量高而得名。

新化县琅塘镇长乐村的茶竹坪（又名晒茶坪），古时是闻名的茶叶集散地，一个宽敞、宏大的平地，因茶叶在此集中交易、装包、船运而得名。茶竹坪紧临资江码头、礼溪集市、过街亭集市。茶竹坪茶叶集散中心，一直存在至20世纪50年代中期。古时候，资江从邵阳、新邵、冷水江、新化流经至茶竹坪后，水势逐渐平缓，成为了上好的船运码头。从资江上游装运茶叶的毛板船因水流湍急，贩运的茶叶有些就被水打湿了。到茶竹坪后，毛板船停靠龙溪码头，把打湿了的茶叶运上岸，放置到茶竹坪进行晾晒，晒干用竹篓压装，再用竹枝捆紧装船，顺资江而下。历史上发展成了茶叶的交易市场，还有新化横阳、炉观、洋溪、槎溪等地的茶叶也通过马车运到此交易。

新化县以茶溪为名的地方有 9 处。茶溪，指的就是一条横穿全乡的溪流，溪流从龙山山脉的万龙流经茶溪乡进入油溪后汇入资江。茶溪"山涯水畔，无茶自生"，指的就是在这样的峡谷中，特别适合茶树的生长，茶树长势好，品质高，溪流也因茶而得名。而在白溪镇的茶溪村，有茶溪界上、大茶溪、小茶溪，该村是一个产茶集中区，遍地都是茶园，是丰产茶园之地。

在双峰县三塘铺镇，有茶冲乡，更有茶冲村、茶园里、茶园排、茶畲里等茶地名。茶冲乡的命名源自于茶冲桥，茶冲桥是自明代修建的风雨桥，桥上有供行人休息的地方，常年煮泡茶水，供行人之用，可惜的是桥已损，但茶冲的地名却流传了下来。杏子铺镇光景村涟水河畔的茶埠堂，原是一栋经营茶叶的房屋，主人将此屋取名为茶埠堂，后来该地就以茶埠堂为名，发展成茶叶收购的集散地，境内茶叶从陆路运到此处贩卖后，装船沿涟水进入湘江，运往武汉口岸。

娄底市茶地名的故事还有许多，留待更多的回味和传说，各地与茶相关地名如下：

新化县：千斤茶园（5 处）、茶溪（9 处）、茶山排、茶山冲村、上茶园、茶凼、茶亭子、茶园岭、茶耳岭、茶口洞、茶凼村、茶坪、竹筒茶亭、茶园溪、老茶山、山茶坑、茶树冲、月茶山、茶竹坪、百茶源、茶溪老屋里、茶园垴、茶籽山、茶底冲、上茶底冲、山茶村、茶园凼（3 处）、横茶村、茶园村、茶园洞、茶山杭、茶树垞、茶馆岭、茶油冲、茶籽界。

双峰县：茶花园、茶园村、上茶村、茶园冲、茶家冲、茶盘塘、茶亭村、茶亭子（2 处）、茶山排、茶园堂、茶场、茶埠堂、茶冲坳上、茶兜坪、茶园冲、茶畲里、茶冲乡、茶冲桥、茶冲村、茶冲、茶冲大屋、茶畲里、茶园里、茶园排、茶园坳村、茶园坳、茶园里、茶园坳、茶园里、茶斗冲。

涟源市：大茶园、茶排山、茶亭子、茶坪村、茶子冲、甜茶冲、茶山排、茶畲冲、茶竹坪、梓茶村、集义茶亭、茶畲里。

娄星区：茶园、茶园镇、茶园里、茶园村、茶杨村、山茶圫、茶畲坳。

冷水江市：茶子山、茶园里、茶亭子。

04 茶用途

- 最早的茶入菜羹
- 最早的茶入药
- 最早煮茶的人
- 记载最早的以茶代酒
- 记载最早的客来敬茶
- 记载最早的茶祭
- 记载最早的茶饮用推广

最早的茶入菜羹

相传中国的饮宴礼仪始于周。饮宴，是讲究饮食进餐礼仪的聚在一起饮酒吃饭的宴席。在唐代以前，茶饮常常与饮宴活动联系在一起，因此筵席上的食物都可以算是广义的茶食了。

最早将茶当作佐餐菜肴记载的是《晏子春秋》："晏子相齐（晏相齐景公时，公元前 547—前 490 年），衣十升之布，脱粟之食，五卵、茗菜而已。"《古今图书集成 · 茶部汇考》对这一故事的记载稍有不同："婴相齐景公时，食脱粟之饭，炙三弋五卵，茗菜而已。"大概意思是，吃脱去谷皮的粗粮饭，烤食 3 种禽鸟和 5 种家畜蛋，吃茶菜罢了。这里所说的"茗菜"就是用茶叶做的"凉拌菜"，这说明春秋时代，茶已经当作菜肴汤料食用。这是史料记载最早的茶入菜，这里"茗菜"是指煮成羹的茶。

陆羽《茶经 · 四之器》篇中有"伊公羹"三字，是铸造在煮茶用的风炉的三个通风的小窗，"上并古文书六字……'伊公羹、陆氏茶'也"。尹公，是辅佐商朝五代帝王的伊尹，位居中国第一良相，伊尹是有莘氏在桑树林拾到的弃儿，后由厨子扶养长大。伊尹从小熟悉烹饪之事且别有解悟，曾比喻"治大国若烹小鲜"。伊尹烹煮粥羹包括烹煮茶粥羹也很有名气。由此可推论周朝已有茶粥羹。而古籍记载最早的茶入菜羹，则是在《晏子春秋》中，《晏子春秋》由后人搜集有关晏子的思想、言行及遗闻轶事编辑而成，成书于战国末期，最迟在秦汉之际，这从当代考古发现也得到佐证。

考古发现于汉景帝（公元前 156 年—前 141 年）阳陵的迄今最古老的茶叶植物标本，在阳陵出土时，是与很多粮食遗物混杂在一起，也佐证煮茶在早先是煮茶羹粥。

据三国魏张楫的《广雅》记载：“荆巴间采茶作饼，成以米膏出之，若饮，先炙令色赤，捣末置瓷器中，以汤浇覆之，用葱姜芼之。其饮醒酒，令人不眠。”茶饮已有专门的制作流程，有专门的器皿，有关注其功效。晋郭璞为《尔雅》中的“槚，苦荼”作注：“树小如栀子，冬生叶，可煮羹饮。”

《晋书》载，东晋的桓温为人性格俭朴，他守扬州时，“每宴惟下七奠，拌茶果而已”。在桓温的宴上，茶已成为代替了酒的主要饮料，其他的食物就可以看作是茶食了。早期的茶食可分为茶菜与茶果两类。桓温宴上的“七奠”可以算是茶菜羹了，这里的“茶果”是茶与果食、果品。

东汉壶居士的《食忌》称：“苦茶久食为化，与韭同食，令人体重”，这也是以茶作菜的实例。三国时期魏国张揖撰的《广雅》称：“荆巴间采茶作饼，叶老者，饼成以米膏出之。欲煮茗饮，先炙令赤色，捣末置瓷器中，以汤浇覆之。用葱、姜、桔子芼之”，这相当于今时的用茶水煮粥。

现代，居住在我国西南边境的傣族、哈尼族、景颇族等都还有把鲜叶加工当菜吃的习惯。比如，德昂族有饮酸茶、食用茶叶菜的习俗，将新鲜茶叶揉好，配以花生、香油、食盐等佐料进行搅拌食用；再比如，基诺族喜食凉拌茶，将新鲜茶芽经双手揉搓至碎后放入碗中，加入柠檬叶、大蒜、山八角、辣椒、盐等调味，再加入适量的水拌匀后食用；还有广西西部的少数民族喜喝“煮油茶”，也称“打油茶”，将茶叶放在锅里炒制出香味后，倒入清水煮沸，再加入食盐、生姜之类的佐料，调味后食用。

最早的茶入药

茶最初并不是作为饮料之用，而是用来入药。早在公元前 1000 年的巴蜀，茶的药用就开始了，继之才是“茶的饮用和食用”。

记载最早的茶入药，是在西汉司马相如《凡将篇》：“乌啄桔梗芫华，款冬贝母木蘖蒌，芩草芍药桂漏芦，蜚廉雚菌荈诧，白敛白芷菖蒲，芒消莞椒茱萸。”

相传 4000 多年前，神农尝百草，发现茶具有解毒治病的功能。《史记》记载：“神农遍尝百草，日遇七十二毒，得荼而解。”如果说这仅仅是传说而已，那么东汉的《神农本草经》，则明白无误地把茶作为药用记录在案。

关于茶的药用，《神农本草经》载：“荼（即茶字）苦而寒，最能降火，火为百病，火降则上清矣。”隋文帝杨坚就曾经以茗（即夏茶）来医治自己的病。唐代诗人顾况在《茶赋》中诗曰：“滋饭蔬之精素，攻肉食之膻腻，发当暑之清吟，涤通宵之昏寐。”唐代陈藏器撰《本草拾遗》中说：“诸药为各病之药，茶为万病之药。”在我国众多的史料中，有关茶的药用，记载有止渴、醒神、利尿、消食、祛痰、治喘、明目益思、除烦去腻、少卧轻身、消炎解毒的功效。

最早煮茶的人

据记载最早煮茶的人是伊尹。“伊公羹”，出自《茶经·四之器》篇中，是铸造在煮茶用的风炉的三个通风的小窗，“上并古文书六字……‘伊公羹、陆氏茶’也。”

尹公，是辅佐商朝五代帝王的伊尹，位居中国第一良相，尹公在中国历史上倍受文人志士敬仰、推崇。伊尹是有莘氏在桑树林拾到的弃儿，后由厨子扶养长大。伊尹从小熟悉烹饪之事且别有解悟，曾比喻“治大国若烹小鲜”，以和谐为最高原则。伊尹烹煮粥羹包括烹煮茶粥羹也很有名气。

中国人最早药用或饮用茶，是采用煮茶法。尹公用鲜叶煮粥羹的饮法有些类似于今天煮菜羹的方法，将新鲜茶叶采摘后切碎，投放到沸水中煮并加佐料。发展到了唐代，更有加入茱萸、薄荷、橘皮，盐、姜、葱、香叶等佐料和调味品，或以茶米煎煮时，加入佐料和调味品，称作“茗粥”。

三国魏人张揖《广雅》说：“欲煮茗饮，先炙令赤色，捣末置瓷器中，以汤浇覆之。用葱、姜、橘子芼之。”晋郭璞为《尔雅》中的“槚，苦荼”作注：“树小如栀子，冬生叶，可煮羹饮。”唐皮日休《茶中杂咏》序中说：“自周以降及于国朝茶事，‘竟陵子’陆季疵言之详矣。然季疵以前称茗饮者，必浑以烹之，与夫瀹蔬而啜者无异也。”

现代考古发现，最古老的茶叶植物标本，出土于汉景帝（公元前156年—前141年）阳陵，出土时，是与很多粮食遗物混杂在一起，也佐证煮茶在早先是煮茶羹粥。

记载最早的以茶代酒

记载最早的以茶代酒，是吴国君主孙皓对韦曜“密赐茶荈以代酒”，孙皓赐茶代酒。

据《三国志 · 吴志 · 韦曜传》载：“皓每飨宴，无不竟日，坐席无能否率已七升为限。”文中“皓”即吴国（三国时期，222—280 年）的第四代国君孙皓，嗜好饮酒，每次设宴，来客至少饮酒 7 升，虽然不完全喝进嘴里，但也都要斟上并亮酒盏说干。而孙皓对博学多闻但不胜酒力的朝臣韦曜，甚为器重，常常私下为韦曜破例，“密赐茶荈以代酒”。朝臣韦曜，曾任孙皓的父亲南阳王孙和的老师，孙皓对韦曜的照顾，也许也有这一因素。

孙皓的“密赐茶荈以代酒”，至今成为“以茶代酒”的最早记载。

如今，“以茶代酒”不为失礼。“以茶代酒”已成为“俗语”，以茶代酒，即：不想喝酒、不能喝酒而又难却盛情，就用茶来代替酒敬饮。这是不胜酒力者所行的酒宴礼节。

记载最早的客来敬茶

客来敬茶，是中国最基本的礼仪和最普遍的习俗，是文明古国、礼仪之邦的传统。这个礼仪，大概起源于中国古代的晋代。南朝宋刘义庆《世说新语》中有王濛饮茶一则："司徒长史王濛好饮茶，人至辄命饮之，士大夫皆患之，每欲往候，必云：今日有水厄。"

晋代人王濛（309—347 年），东晋名士，官至司徒左长史。他注重仪表，侍奉其母十分恭谨，常居俭素，特别喜欢茶，以"清廉俭约"见称。不仅自己一日数次喝茶，而且，有客人来，便一定要邀客同饮茶。当时，士大夫中还多不习惯于饮茶，因此，去王濛的家，大家总有些害怕，每次临行前，就戏称"今日有水厄"（水厄：溺死之灾。三国魏晋以后，渐行饮茶，初不习饮者，戏称为"水厄"，后亦指嗜茶）。

古代的贵客奉茶礼

记载最早的茶祭

西周时代朝廷祭祀时已经用到茶。《周礼·地官·掌茶》有："掌茶，掌以时聚茶以共丧事。"掌茶是官名，"掌茶，下士二人，府一人，史一人，徒二十人"。

以茶用于的祭奠，是在以茶待客之后出现，大致是三国魏晋以后才逐渐兴起的。唐代韩翃（"大历十才子"之一）《为田神玉谢茶表》中的"吴主礼贤，方闻置茗；晋臣爱客，才有分茶"，表明我国以茶待客、以茶相赠，最初是流行于三国魏晋时的江南地区。因此，民间以茶叶作为对逝者的祭品，不会早于这一时期。

用茶为祭的正式记载，则直到梁萧子显撰写的《南齐书》中才始见及。该书《武帝本纪》载永明十一年（493 年）南朝齐武帝萧赜临终遗诏称："我灵上慎勿以牲为祭，唯设饼、茶饮、干饭、酒脯而已；天下贵贱，咸同此制。"在此，南朝齐武帝诏告天下，灵前祭品只设茶等四样，无论贵贱，一概如此，这是现存茶叶作祭的最早记载。齐武帝萧颐是南朝比较节俭的少数统治者之一，这里他遗嘱灵上唯设饼、茶一类为祭，是现存茶叶作祭的最早记载，但不是以茶为祭的开始。在丧事纪念中用茶作祭品，当最初创始于民间，萧颐则是把民间出现的这种礼俗，吸收到统治阶级的丧礼之中，鼓励和推广了这种制度。

把茶叶用作丧事的祭品，只是祭礼的一种。我国祭祀活动，还有祭天、祭地，祭祖、祭神，祭仙、祭佛等。先民在认知茶叶后以茶叶制品用于祭祀的时间，与用于丧事的时间相差不多。如晋王浮撰《神异记》中有这样一个故事：讲余姚有个叫虞洪的人，一天进山采茶，遇到一个道士，把虞洪引到瀑布山，说："我是丹丘子（传说中的仙人），听说你善于煮饮，常常想能分到点尝尝。山里有大茶树，可以相帮采摘，希望他日有剩茶时，请留一点给我。”虞洪回家以后，“因立奠祀”，每次派家人进山，也都能得到大茶叶。另，南朝宋刘敬叔《异苑》中也记有这样一则传说：炎县陈务妻，年轻时和两个儿子寡居。她好饮茶，院子里面有一座古坟，每次饮茶时，都要先在坟前浇点茶奠祭一下。两个儿子很讨厌，说古坟知道什么？白费心思，要把坟挖掉，母亲苦苦劝说才止住。一天夜里，得一梦，见一人说：“我埋在这里三百多年了，你两个儿子屡欲毁坟，蒙你保护，又赐我好茶，我虽已是地下朽骨，但不能忘记稍作酬报。”天亮，在院子中发现有十万钱，看钱似在地下埋了很久，但穿的绳子是新的。母亲把这事告诉两个儿子后，二人很惭愧，自此祭祷更勤。透过这些故事，不难看出在两晋南北朝时，茶叶也开始广泛地用于各种祭祀活动了。

祭神祀鬼是中国古代非常重要的礼仪活动，《左传》云：“国之大事，在祀与戎。”当时一个国家的重大事务，就是祭神祀鬼和战争。

茶叶成为民间祭祀的供品的最早记载，是见于《全唐文》。《全唐文》卷三六〇杜甫《祭故相国清河房公文》：“维唐广德元年岁次癸卯犯九月辛丑朔二十二日壬戌，京兆杜甫，敬以醴、酒、茶、藕、鲫之奠，奉祭故相国清河房公之灵。”又《全唐文》卷三二一李华《祭亡友张五兄文》亦有设“茶、乳、疏、果”之奠。

记载最早的茶饮用推广

茶的饮用是在药用和食用的基础上形成的。最古老最原始的饮茶方法称为“焙茶”（把嫩芽从茶树上采下来直接放在火上烘烤成焦黄色，然后放进茶壶内煮饮）。

西汉年间，茶的饮用在中国四川民间已经出现。有西汉司马相如与卓文君的“汲井烹茶”；较早记录茶为流通商品和民间饮品的人是西汉时期的王褒。西汉时期辞赋家王褒在《僮约》中规定，煮茶、买茶作为家奴必须完成的劳役。

汉代，茶叶作为一种饮料饮品的运用，基本上是在四川（巴蜀）和湖南、湖北、江西一带。三国时，饮茶风俗传到今浙江一带。到了晋代，饮茶习俗传播到北方。

两晋南北朝，佛教盛行，寺庙饮茶风气日盛，设有专门的茶堂或茶寮召集僧众集体饮茶。

明代顾元庆《茶谱》记载，茶饮用的推广，最早是由隋朝僧人献茶给隋炀帝病引发的。

《茶谱》中有“隋炀帝病脑痛，僧人告以煮茗作药，服之果效”，说的是隋炀帝杨广在江都（现江苏扬州）生病，浙江天台山智藏和尚，曾携带天台茶到江都为他治病，得茶而治之后，推动了社会饮茶的兴起。人们竞采之，茶逐渐由多为药用而转向更广泛的饮品。

05 茶著作

- 最早的、最著名的茶学专著
- 最早的司茶鉴水专著
- 宋代最有影响的茶著作
- 最早的茶叶检验专著
- 中国茶书著述最多的朝代
- 最大体量的古茶书
- 日本最早的茶专著
- 欧洲最早述及茶叶的著作
- 美国最早的茶专著

最早的、最著名的茶学专著

陆羽《茶经》

最早的、最著名的茶学专著是中国唐代陆羽的《茶经》。

唐德宗建中元年（780 年），陆羽《茶经》定稿并付梓。《茶经》是中国乃至世界现存最早、最完整、最全面介绍茶的第一部专著，是茶叶生产的历史、源流、现状、生产技术以及饮茶技艺、茶道原理的综合性论著，被誉为茶叶百科全书。陆羽《茶经》的问世，具有划时代的意义。正是这部《茶经》，将中国茶文化推到一个空前的高度。

《茶经》是陆羽详细收集其所生活的唐代并溯前的古代中国茶叶史料记述，亲身调查和实践认知，阐述了唐代及唐代以前的茶叶历史、产地，茶的功效，栽培、采制、煎煮、饮用的知识技术，总结了人们生产和生活中关于茶的经验。《茶经》的问世，使茶叶生产从此有了比较完整的科学依据，对茶叶的生产起了积极推动作用；将普通茶事升格为一种美妙的文化艺能，推动了中国茶文化的发展。

《茶经》是陆羽对人类的一大贡献。全书分上、中、下三卷共 10 个部分。其主要内容和结构有“一之源”考证茶的起源及性状，论及茶树的原产地、特征和名称，自然条件与茶叶品质的关系，以及茶叶的功效等；“二之具”记载采制茶的工具，论及茶叶的采制工具及使用方法；“三之造”记述茶叶种类和采制方法，论及茶叶采制和品质的鉴别方法；“四之器”记载煮茶、饮茶的器皿，列举并论及烹饮用具的种类和用途；“五之煮”记载烹茶法及水质品位，论及煮茶的方法和水的品第；“六之饮”记载饮茶风俗和品茶法，论及饮茶的方法、现实意义和历史沿革；“七之事”汇辑有关茶叶的掌故及药效，叙述并论及上古至唐代有关茶人茶事，以实例注解了“精行俭德之人”；“八之出”列举茶叶产地及所产茶叶的优劣，论及名茶的产地环境；“九之略”指明茶器的使用可因条件而异不必拘泥，论述在一定的条件下，怎样省略茶叶的采制工具和饮茶用具；“十之图”指将采茶、加工、饮茶的全过程绘在绢素上，悬于茶室，使得品茶时可以亲眼领略《茶经》，论及指导普及茶叶生产和烹饮的全过程。

最早的司茶鉴水专著

最早的司茶鉴水专著，都著作于中国唐代陆羽《茶经》问世之后。

一部是唐代苏廙《十六汤品》茶著作。《十六汤品》以陆羽《茶经》“五之煮”为基础，对茶水煮沸情况加以详细论述。《十六汤品》认为煮茶水质可分为“十六品”，并为每种水品起名，如“得一汤”“百寿汤”“富贵汤”“秀碧汤”“大壮汤”等。苏廙善于煎茶，精于茶艺，《十六汤品》从候汤、注汤、择器、选薪等方面对煎茶作了形象生动的阐述，此卷茶书文风诙谐，文采斐然，不啻为候汤煎茶的重要之作。

还有一部是唐代张又新《煎茶水记》，全文仅约九百余字。原书名《水经》，后来为避免与北魏郦道元所著《水经注》相混，改名为《煎茶水记》，成书于唐宪宗元和九年（814 年），是作者根据陆羽《茶经》“五之煮”，结合自己的考察完成的一部关于煮茶用水选择的著作。书中借引唐代刑部侍郎刘伯刍（755—815 年）认为水之与茶宜者，凡七等：扬子江南零水第一；无锡惠山寺石泉水第二；苏州虎丘寺石泉水第三；丹阳县观音寺水第四；扬州大明寺水第五；吴松江水第六；淮水最下，第七。张又新具此加以扩大，重新品评为：“庐山康王谷之水帘

《煎茶水记》载第一泉谷帘泉

第一、无锡惠山泉水第二、蕲州兰溪之石下水第三、峡州扇子山下之石水第四、苏州虎丘寺水第五、庐山招贤寺下方桥之潭水第六、扬子江之南零第七、洪州西山之西东瀑布水第八、唐州桐柏县之淮之源第九、庐山龙池山之顾水第十、丹阳观音寺水第十一、扬州大明寺水第十二、汉江金州上游之中零水第十三、归州王虚洞下之香溪水第十四、商州武关西之洛水第十五、吴淞江水第十六、天台山西南峰之千丈瀑布水第十七、郴州之圆泉水第十八、桐庐之严陵滩水第十九、雪水第二十。”张又新进而在书中指出：“我曾尝试过，并非系于茶的精粗，除此之外就不知道了。茶在它的产地烹煮，没有不好的，因为水土适宜。离开其产地，水的功效减半，然而完善的烹煮和清洁的器具，能使其功效齐全。”

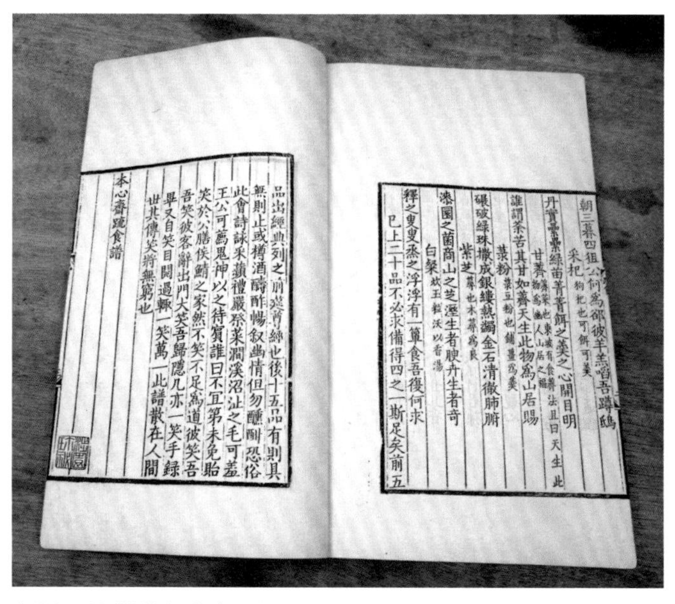
朝三暮四狙公何爲郤彼羊羔啗吾蹲鴟
采杞 狗杞也可餌可羹
丹實纍纍綠苗菁菁餌之羹之心開目明
甘薺 薺菜也東坡有食薺法且曰天生此物爲幽人山居之福
誰謂荼苦其甘如薺天生此物爲山居賜
菉粉 菉豆粉也錯疊爲羹
碾破綠珠撒成銀縷熱蠲金石清徹肺腑
紫芝 蕈也木蕈爲良
漆園之菌商山之芝瀝生者腴卉生者奇
白粲 炊玉粒沃以香湯
釋之叟叟烝之浮浮有一簞食吾復何求
已上二十品不必求備得四之一斯足矣前五

品出經典列之前茲僭綽也後十五品有則具
無則止或樽酒疇酢暢叙幽情但勿醺酣恐俗
此會詩詠采蘋禮嚴祭菜凋溪沼沚之毛可羞
王公可薦鬼神以之待賓誰曰不宜第未免貽
笑於公膳侯鯖之家然不笑不足爲道彼笑吾
吾笑彼客辭出門大笑吾歸隱几亦一笑手録
畢又自笑目閱過輙一笑萬一此譜散在人間
世其傳笑將無窮也
本心齋蔬食譜

唐代张又新《煎茶水记》（局部）

宋代最有影响的茶著作

宋代最著名的茶著作是《大观茶论》。

《大观茶论》原名《茶论》，宋代赵佶（1082—1135 年）著作。其是关于茶的专论著作，成书于大观元年（1107 年），故后人称之为《大观茶论》。赵佶即宋徽宗皇帝，《大观茶论》是世界上唯一一本由皇帝书写的茶叶著作。《大观茶论》吸取了前人的研究成果，立足于当时宋代的茶发展水平，融入了赵佶用茶的实践心得，比较全面地整理介绍了茶的有关知识；内容精深，论述简明，且具有极强的历史穿透力，体现着茶人智慧的光芒和生活的情趣。

《大观茶论》全书共 20 篇，对北宋时期蒸青团茶的产地、采制、烹试、品质、斗茶风尚等均有详细记述。其中“点茶”一篇，见解精辟，论述深刻。其从一个侧面反映了中国古代北宋茶业的发达程度和制茶技术的发展状况，也为我们认识宋代茶道留下了珍贵的文献资料。

《大观茶论》的影响力和传播力非常巨大，不仅积极促进了中国茶业的发展，同时极大地推进了中国茶文化的发展和对外传播，使宋代成为中国茶文化的兴盛时期。

宋代“点茶”用的茶盏

最早的茶叶检验专著

《品茶要录》，宋代黄儒著，成书于宋代熙宁八年（1075 年），是我国首部茶叶检验专著。黄儒，字道辅，建安人（今福建建瓯）熙宁六年进士。《品茶要录》全书约 600 字。全书共 10 篇，其中 1 ～ 9 篇论述制造茶叶过程中应当避免的采制过时、混入杂物、蒸不熟、蒸过熟、烤焦等问题；第 10 篇讨论种植茶树选择地理条件的重要性。作者对于茶叶采制不当对品质的影响及鉴别审评茶的品质方法，提出了 10 种说法。本书细致研究茶叶采制得失对品质的影响，提出茶叶欣赏鉴别的标准，对审评茶叶仍有一定参考价值。

《品茶要录》是我国首部茶叶检验专著，原因有三：其一，《品茶要录》的撰写宗旨非常明确，检验的内容、目的及体例均表明它是一本真正的茶叶检验专著。其二，有比较完整的检验方法和手段。对茶叶的色、香、味、形，建立了比较系统和综合的评鉴方法。其三，专业性强。从内容看，主要表现在对制茶工艺的熟知，对审评技巧的把握。从书中内容分析可知，《品茶要录》在汲取传统的茶叶鉴别方法的基础上，进一步使之充实和系统化，并强化了茶叶检验的理论阐述。《品茶要录》是茶叶检验走向专业化和系统化的一个重要标志。

《品茶要录》流传甚广。如宋人熊蕃在《宣和北苑贡茶录》中有记载，在宋徽宗的《大观茶论》等著作中也有引用。《品茶要录》在宋元明清各代均有版本存世，说明此书流传有序，为时人所重。

中国茶书著述最多的朝代

明代是茶书著述最多的时期，250 年间出版茶书 68 种。其中现存 33 种，辑佚 6 种，已佚 29 种。

自明代的开国皇帝朱元璋“罢造团茶，惟采芽茶以进”推动了散茶发展，创新茶叶采制，开千古饮茶之宗撮泡茶法，明代的茶书著述猛增。主要有许次纾的《茶疏》、张源的《茶录》、朱权《茶谱》、钱椿年的《茶谱》、陆树声的《茶寮记》、屠隆的《茶解》。明代还有许多汇编类的茶书，如孙大绶、吴旦的《茶谱外集》《茶经外集》；屠本畯摘录唐宋多种茶书资料编成的《茗笈》；夏树芳杂录南北朝至宋金茶事而成的《茶董》；陈继儒摘录类书、杂考等编成的《茶董补》；还有喻政编成的《茶书全集》等。

其中，明英宗正统五年（1440 年），朱权写成《茶谱》一书，在书中提出饮茶要“清、雅、寂、敬”。朱权是朱元璋的第 17 子，是皇子、王爷中第一个写茶书的人，也成了皇子著茶书第一例。

最大体量的古茶书

清雍正十二年（1734 年）前后，陆廷灿《续茶经》出版，这是历史上最大体量的古茶书。

作者陆廷灿，字幔亭，嘉定人，曾任崇安知县（现武夷市）。在茶区为官，长于茶事，采茶、蒸茶、试汤、候火颇得其道。全书洋洋 10 万字，几乎是收集了清代以前所有茶书的资料。之所以称《续茶经》，是按唐代陆羽《茶经》的写法，同样分上、中、下三卷，同样分一之源、二之具、三之造、四之器、五之煮、六之饮、七之事、八之出、九之略、十之图，最后还附一卷茶法。《续茶经》把收集到的茶书资料，按 10 个内容分类汇编，便于读者综观比较，并保留了一些茶名家信息、茶书资料。所以《四库全书总目提要》中说："自唐以后阅数百载，产茶之地，制茶之法，业已历代不同，既烹煮器具亦古今多异，故陆羽所述，其书虽古而其法多不可行于今，廷灿一订补辑，颇切实用，而征引繁富。"

日本最早的茶专著

日本建久二年（1191 年）日本高僧荣西和尚到中国留学，回国后编辑出版《吃茶养生记》，是日本最早的茶专著。《吃茶养生记》的流传，使中国茶在日本广泛传播。

《吃茶养生记》说的是“饮茶、养生健体的方法”。 此书介绍并宣传茶叶的医疗作用和茶叶的产地，日本当时流行的各种疾病都可以用茶叶治疗。书中写了茶和桑以及其他当时在南宋广为流传和饮用的保健饮品，不仅提到了茶的药理和效用，也提到了桑、沉香、青木香、丁香等中药材的效用。

荣西一生研究佛经和茶叶。曾两次到中国学习。南宋淳熙年间（1168 年）他第一次到中国，在浙江天台山学习。1187 年再次到中国天台山。荣西禅师两次到中国前后五年之久，除了学习中国的文化，佛经，还用了大量的时间学习中国的种茶、制茶、饮茶技术。回国后不但带回了中国的经卷，而且把中国的茶籽也带了回去。荣西自己在前往宁波天台山的路上，因天气炎热，中暑热而身体不适，后经茶店主人救助，喝下了丁香熬制的茶水而得以恢复。荣西在书中也详细介绍了这个经过，从茶开始，荣西感受到了宋代中药材的药理效用。撰写此书的动机是要治病救人，拯救受病痛之患的大众。在传达医药知识的同时，也对茶的使用工艺进行了理论总结。

日本茶书的鼻祖是日僧长永齐，他 1191 年写了《种茶法》，内容很简单。

欧洲最早述及茶叶的著作

世界贸易中心，荷兰阿姆斯特丹港，1821 年铜版画

1559 年威尼斯作家拉摩晓（1485—1557）出版《茶之摘记》《中国茶摘记》《旅行劄记》这 3 部书是欧洲最早述及茶叶的著作。

据陈椽《茶业通史》中介绍："1559 年威尼斯著名作家拉摩晓（1485—1557 年）著《茶之摘记》《中国茶摘记》《旅行劄记》3 本书出版，是欧洲最早述及茶叶的著作。书中记载波斯开兰印度萨迦（Sakkar）返威尼斯后说："'大秦国有一种植物，其叶片供饮用，众人称之曰中国茶，视为贵重食品。此茶生长于中国四川嘉州府（今四川乐山县)。其鲜叶或干叶，用水煎沸，空腹饮服，煎汁一二杯，可以去身热、头痛、胃痛、腰痛或关节痛。此外尚有种种疾病，以茶治疗亦很有效。如饮食过度，胃中感受不快，饮此汁少许，不久即可消化。故茶为一般人所珍视，为旅行家所必备之物品’。”威尼斯作家拉摩晓《中国茶摘记》里，也详尽地说明了明代嘉靖年间，中国茶文化知识开始在欧洲传播。

葡萄牙传教士克鲁兹于 1556 年在广州居住数月，观察到了中国人的饮茶情况，记入介绍中国的书《广州述记》(1569 年出版）中。

美国最早的茶专著

1935 年美国人威廉 · 乌克斯（1873—1945 年）出版《茶叶全书》。这本书包括茶叶历史、技术、科学、商业、社会、艺术方面内容，附有大量珍贵照片，被称为现代世界茶叶大全著作。1949 年 5 月，《茶叶全书》由上海中国茶叶研究社翻译出版中文，主编吴觉农。

威廉 · 乌克斯，20 世纪初美国《茶叶与咖啡贸易》杂志的主编。1910 年开始考察东方各产茶国，搜集有关茶叶方面的资料。在初步调查后，又相继在欧美各大图书馆与博物馆收集材料，历经 25 年，于 1935 年完成《茶叶全书》的写作，同年出版。全书分上下两册，其中上册 22 章，下册共 27 章。

《茶叶全书》上册共有 22 章。

第 1 章叙述传说茶叶起源约在公元前 2737 年。茶叶发源地主要是中国西南部；第 2 章专门叙述日本茶叶；第 3 章记述茶叶传到了阿拉伯 、威尼斯、英国、葡萄牙，是荷兰人将茶叶带至欧洲；第 4 章叙述了茶叶首次在英国销售的情况；第 5 章叙述反抗茶叶税而战的国家；第 6 章叙述了世界最大的茶叶专卖公司；第 7 章叙述了运茶船；第 8、9、10 章荷兰人在爪哇与苏门答腊，英国人在锡兰（现斯里兰卡）经营茶叶；第 11 章叙述了各地的种茶历史。以上 11 章都是记述了茶叶的历史方面。

第 12 章叙述了世界上的商品茶；第 13 章叙述了各种商品茶的贸易价格和特征；第 14、15、16、17、18 章专门谈中国、日本、爪哇（印度尼西亚），苏门答腊（印度尼西亚）、印度、锡兰（斯里兰卡）及其他国家茶叶的栽培与制造；第 22 章叙述了中国的手工制茶到机械化制茶。这 11 章记述了茶叶的技术科学方面。

《茶叶全书》下册共有 27 章。

第 1、2、3、4、5 章记述苏伊士运河开通以后茶叶由生产国运至消费国的情况，以后第 6、7、8、9、10、11、12、13、14、15 章叙述了中国、荷兰之间的茶叶贸易史，英国国内及海外贸易状况、茶叶协会、茶叶股票及股票贸易，日本与其他国家的茶叶贸易、美国茶叶贸易；第 16 章记述了茶叶广告史并叙述茶叶广告的作用。第 17 章讨论了世界茶叶生产及消费。前 17 章记述了茶叶的商业方面的内容。

第 18 章叙述了茶叶的社会史，早期中国、日本、荷兰、英国及美国之饮用情况；第 19 章叙述茶园中的故事；第 20 章叙述 18 世纪英国男女饮茶在伦敦茶园中欢乐情形。第 21 和 22 章记述早期中国饮茶习俗；第 23 章叙述现今世界上饮茶之方式与习俗；第 24 章叙述煮茶用的工具；第 25 章叙述茶叶泡制方法，并讨论了科学的调制法，以及告诉茶叶嗜好者如何购茶和冲泡的最好。这 7 章记述了茶叶社会方面的内容。

第 26 章为茶叶与艺术，主要是指绘画、雕刻及音乐中对茶之赞美。并附述若干著名之陶制及银制茶具。第 27 章叙述了茶叶与文学，主要摘录诗人、历史家、音乐家、哲学家、科学家、戏剧家以及小说家关于茶的著述。这 2 章记述了茶叶的艺术方面。

最后附有茶叶年谱，茶叶辞典，茶叶书目以及茶叶索引。

06 茶品类

- 绿茶，最迟在汉代已开始加工
- 白茶，最迟在清代已开始加工
- 黄茶，最迟在明代已开始加工
- 乌龙茶，最迟在清代已开始加工
- 红茶，最早在明代已开始加工
- 黑茶，最迟在明代已开始加工
- 花茶，最早记载在宋代已开始加工
- 紧压茶，三国时期已有加工
- 袋泡茶，最早于 20 世纪初在美国开始加工
- 云南普洱熟茶最早于 1973 年开始加工
- 茶水（听装），最早在 1980 年开始加工

绿茶，最迟在汉代已开始加工

绿茶是采用不发酵的制作工艺，被看作是最原始生态的茶类。在中国，茶的饮用也被认为是从绿茶开始的。但最早的茶叶是从野生茶树采摘而来，人工种植绿茶的历史要晚些。清嘉庆年间编撰的《四川通志》记载："汉时，名山县西十五里的蒙山甘露寺祖师吴理真，修活民之行，种茶蒙顶。"这一史料中，蒙顶山的吴理真是中国种植绿茶的第一人，而蒙山绿茶，也可以称作中国绿茶的始祖。人们由此推断，至迟在 2000 多年前的西汉，已经出现了人工种植茶叶并开始加工绿茶。

陆羽《茶经》中所说的饼茶，实际上就是古老绿茶。

采摘（清代绘）

摊青（清代绘）

杀青揉捻（清代绘）

烘干（清代绘）

白茶，最迟在清代已开始加工

白茶的生产历史可上溯到中国宋代，有文字记载，“白”茶名称首见于宋子安《东溪试茶录》（1064 年前后），但唐代陆羽在《茶经》中已有白茶记载，只是当时指的是一种白叶茶。最为明确的是宋徽宗赵佶的《大观茶论》，在北宋绍圣年间（1094—1098）白茶已充为贡品。福建贡茶使君蔡襄有诗云：“北苑灵芽天下精，要须寒过入春生，故人偏爱云腴白，佳句遥传玉律清。”《东溪试茶录》记有：“白叶茶……芽叶如纸，民间以为茶瑞，取其第一者为斗茶。”宋代茶人斗茶把丰美雪白的芽茶，视为天下精品。当时白茶产量极少，仅供皇帝御用，极为珍贵，北苑茶农把白茶视为“茶瑞”，把这吉祥茶作为斗茶的绝品。

《宣和北苑贡茶录》记载：“白茶，政和二年（1112 年）造。”政和当时属建州北苑（今闽北建瓯市东部），而且以产白茶出名，朝廷以政和年号赐县名。

但这只是茶树品种的不同，而不是加工方法的不同。

后来所谓白茶是品种与加工制法相结合的产物。清朝乾隆六十年（1795 年），福建福鼎茶农采摘福鼎白毫茶树的芽毫，加工成银针。清光绪元年（1875 年），福建发现芽叶茸毛特多的茶树品种，如福鼎大白茶、政和大白茶，清光绪十一年（1885 年）起就用大白茶的嫩芽加工成“白毫银针”。1922 年起开始以一芽二叶的嫩梢加工成“白牡丹”。

黄茶，最迟在明代已开始加工

黄茶起源，据史料推测，它在公元7世纪的中国唐代就已有生产了，中唐时寿州（今安徽寿县）黄芽，就已远销西藏。唐代宗大历十四年（779年）淮西节度使李希烈赠宦官邵光超黄茗100千克，这也说明安徽在唐代就生产黄茶。但是，当时黄茶不同于现在我们说的黄茶，它是由一种自然发黄的黄芽茶树品种的芽叶制成的。如唐代享有盛名的安徽寿州黄茶和作为贡茶的四川蒙顶黄芽，也都因芽叶自然发黄而得名。

黄茶类，是指经过改进，在绿茶制作程序中加入"闷黄"工艺逐渐演变而来的。明代许次纾《茶疏》（1597年）记载了绿茶至黄茶的演变历史。《茶疏》记载："江南地暖，故独宜茶……顾此山中不善制造，就于食铛大薪炒焙，未及出釜，业已焦枯，讵堪用哉。兼以竹造巨笱，乘热便贮，虽有绿枝紫笋，辄就黄萎，仅供下食，奚堪品斗。"可见，黄茶是由于"不善制造"而产生的。绿茶炒制工艺掌握不当，如炒青杀青温度低，蒸青杀青时间长，或杀青后未及时摊凉及时揉捻，或揉捻后未及时烘干炒干，堆积过久，使叶子变黄，产生黄叶黄汤，类似后来出现的黄茶。

正是在炒制绿茶的实践中，就会有意或许无意地发明出了黄茶类茶。这一全套生产工艺，是在公元1570年前后形成的。如黄茶类中产量最高的条形黄茶之一的黄大茶，即创制于明代隆庆年间（1567—1572年），距今已有四百多年历史。

乌龙茶，最迟在清代已开始加工

乌龙茶中的武夷岩茶，其生产历史可上溯到唐代“请雷而摘，拜水而和”的武夷山“晚甘侯”。五代时闽国有北苑研膏茶。在元代武夷山四曲皇家御茶园制“石乳”。明代由散茶及松罗茶工艺演化，逐步完善为晒（雨天则烘）、摇、抖、撞、凉、围、堆等做青手法，并据情况“看青做青”“看天做青”，力求水分挥发恰好，叶片发酵适度，香气溢出，即炒、揉、焙之，形成了乌龙茶制作完整工艺。

乌龙茶，亦称青茶、半发酵茶，其最负盛名的要数福建和广东二地产的。其中福建的“武夷岩茶”屈指可数。乌龙茶是我国几大茶类中，独具鲜明特色的茶叶品类。乌龙茶综合了绿茶和红茶的制法，其品质介于绿茶和红茶之间，既有红茶浓鲜味，又有绿茶清芬香并有“绿叶红镶边”的美誉。品尝后齿颊留香，回味甘鲜。

乌龙茶创制于清雍正年间（1725 年）前后。

最早记载乌龙茶（青茶）加工工艺的著作，是清代陆廷灿所著的《续茶经》，其中引述了王草堂《茶说》（约明末清初）对武夷茶制造的记述，其制法就是青茶（乌龙茶）工艺。

红茶，最早在明代已开始加工

红茶，英文“Black tea”，属于全发酵茶类，是以茶树的芽叶为原料，经过萎凋、揉捻、发酵、干燥等初制工艺加工而成的。因其干茶色泽和冲泡的茶汤以红色为主，故名红茶。

红茶一词最早出现于刘基（刘伯温）《多能鄙事》一书中“兰膏红茶”“酥签红茶”茶汤的调制方法。

明代朱升《茗理》一诗中描述：“……抑之则实，实则热，热则柔，柔则草气渐除。然恐花香因而太泄也，于是复扬之。迭抑迭扬，草气消融，花香氤氲。茗之气质变化，天理浑然之时也，浸成一绝。”这与红茶的发酵过程制法相同，或可说明代就已出现红茶制法。

明万历年间《茶考》中“（武夷山）然山中土气宜茶，还九曲之内，不下数百家，皆以种茶为业，岁所产数十万斛，水浮陆转……”

清雍正十年崇安县令刘靖在《片刻于闲集》中记载：“山之第九曲尽处有星村镇，为行家萃聚。外有本省邵武、江西广信等地所产之茶，黑色红汤，土名红西屋，皆私售于星村各行。”此记载明确阐述了红茶的原创地在福建武夷山星村镇桐木村，也就是小种红茶的核心产地。

黑茶，最迟在明代已开始加工

黑茶一词最早出现在明代，明嘉靖三年正式在朝廷公文中出现黑茶这个茶名，《明史 · 茶法 》记载，御使陈讲奏云“商茶低伪，悉征黑茶”，这是最早以公文形式记录黑茶资料。

《甘肃通志 · 茶法》载：“安化黑茶，在明嘉靖三年（1524 年）以前，开始制造。”可见，黑茶加工始于中国明代，加工工艺原创地为湖南安化。

黑茶上溯到唐代。唐大中十年（856 年），杨晔撰写的《膳夫经手录》记载渠江薄片：“有油，苦梗……唯江陵、襄阳数十里皆食之。”并将渠江薄片列入“多为贵者”。五代（935 年）毛文锡《茶谱》则明确说：“潭邵之间有渠江，中有茶……其色如铁，芳香异常，烹之无滓也。”又载：“渠江薄片，一斤八十枚”，表明唐朝时期娄底产茶已有盛名，为外界所知。而渠江薄片因“其色如铁”与现代黑茶类产品特点相吻合，被认为是史上最早有文字记载的黑茶类产品，现今被誉为“黑茶之祖，唐代贡品”。

花茶，最早记载在宋代已开始加工

宋代蔡襄《茶录》中有记载："茶有真香而入贡者，微以龙脑和膏，欲助其香，建安民间试茶皆不入香"，这是花茶窨制的最早记录。

中国加工花茶已有 1000 多年的历史。宋代向皇帝进贡的"龙凤饼茶"中就加人了一种叫"龙脑"的香料。后来，茶中普遍加入"珍茉香草"。

明代程荣所著的《茶谱》一书，对花茶的制法有较为详细的叙述："木樨、茉莉、玫瑰、蔷薇、蕙兰、莲桔、栀子、梅花皆可作茶，诸花开放，摘其半含半放，蕊之香气全者，量其茶叶多少，扎花为拌。三停茶，一停花，用磁罐，一层茶，一层花，相间至满，纸箬扎固入锅，重汤煮之，取出待冷，用纸封裹，置火上焙干收用。"

清道光年间，吴人顾禄的《清嘉录》载："珠兰、茉莉花于薰风欲拂，已毕集于山塘花肆，茶叶铺买以为配茶之用者……茉莉则去蒂衡值，号为打爪。"清雍正元年，苏州茉莉花茶批量运销东北、华北、西北市场。花茶较为大量的生产始于 1851—1861 年的清咸丰年间。

紧压茶，三国时期已有加工

紧压茶的加工历史，可上溯到公元3世纪。最早的记载是在三国魏张揖《广雅》中："荆巴间采茶作饼，成以米膏出之。"当时饼茶的饮用方法是"若饮先炙令色赤，捣末置瓷器中，以汤浇覆之"。另外，还要"用葱姜芼之"，以调和茶味。到了唐代，据陆羽《茶经》记述，茶叶"饮有粗茶、散茶、末茶、饼茶者"之分。饮用时粗茶要先击细，散茶要先干煎，末茶要先炙焙，而饼茶则需先捣碎，然后入瓶中，注入开水烹煮，方可饮用。调料，还有用红枣、薄荷的。只是到了宋代以后，我国大部分地区，饼茶、团茶等紧压茶已为散茶所替代，从此茶叶用法亦由冲泡替代烹煮。

紧压茶，后来也发展成为以黑毛茶、老青茶、做庄茶及其他适合制毛茶为原料，经过渥堆、蒸、压等典型工艺过程加工而成的砖形或其他形状的茶叶。紧压茶加工中的蒸压方法与我国古代蒸青饼茶的做法相似。紧压茶生产历史悠久，大约于11世纪前后，四川的茶商即将绿毛茶蒸压成饼，运销西北等地。到十九世纪末期，湖南的黑砖茶、湖北的青砖茶相继问世。

明代以前，我国饮用的团饼茶就是茶树鲜叶经蒸青、磨碎，用模子压制成型烘干而成的紧压茶。现代的紧压茶以制成的绿茶、红茶或黑茶的毛茶为原料，经蒸压成圆饼形、正方形、砖块形、圆柱形等形状，其中以用黑茶制成的紧压茶为大宗。

袋泡茶，最早于 20 世纪初在美国开始加工

袋泡茶至今已经有上百年的发展历史了，袋泡茶原创于美国。1904 年 6 月，美国茶商沙利文为了降低产品的成本，于是将每一泡用的茶叶分别装进一个个三角茶包做成小丝绸样品袋，然后把这些茶包寄给了客户，客户收到小茶包后，用水冲泡后觉得很方便。传统的饮茶都是用瓷器来泡茶，冲泡完后需要清洗茶杯，单瓷器的成本一般很高，而且很多人也觉得冲洗茶杯的程序麻烦，于是开始使用茶包来包装茶叶，省去了很多麻烦，受到人们的青睐，因此开始不停地向沙利文订货，从此袋泡茶开始流行。

早期的袋泡茶，初始是丝绸袋子，随后制作袋泡茶的丝绸被纱布取代，再后来纱布又被纸代替。但是，由于都是人工作业，产量和成本都还比较高，因而袋泡茶发展缓慢。1935 年左右，袋泡茶加工设备已经被研制成功，并被应用在工业生产中，袋泡茶的产量开始不断扩大，成本也得到相应的降低，这时袋泡茶开始逐渐进入普通消费者的市场，市场上袋泡茶开始供不应求，此时立顿抓住了袋泡茶发展的历史机遇，在美国新建了多家工厂来进行袋泡茶加工。经过几十年的发展，立顿被世界各地的人们所熟知，随着世界经济的不断融合，袋泡茶销量不断增加，2014 年袋泡茶的消费量占世界茶叶总消费量的 23.5%。

云南普洱熟茶最早于 1973 年开始加工

普洱熟茶是指以云南大叶种晒青毛茶为原料，经过人工洒水渥堆发酵后，再经过压制等一系列制茶工艺制作而成的茶品，是一种茶叶现代加工工艺。

云南产茶、饮茶的历史很长，但都喝什么茶？文献也无明确研究成果。徐霞客说“炒而复曝”，李元阳说“藏之年久，味愈胜也”。前者是晒青工艺，后者则暗示着越陈越香。“味愈胜”的描述，不可能是描述绿茶的清香，很可能是指茶汤的滑度和滋味的醇厚。这种厚度和滑感随着时间变得更加饱满的特性是发酵茶的优势。

20 世纪 50 年代后期，中国香港和台湾兴起喝普洱茶（这里是指传统工艺普洱即普洱生茶），对陈化后的普洱茶非常感兴趣。但由于普洱生茶的自然陈化、转化时间较长，短时间内不能满足市场消费需求。

1973 年云南省茶叶进出口公司组成了昆明茶厂吴启英、安增荣、李桂英，勐海茶厂邹炳良，下关茶厂曹振兴等共七人的出差小组，前往广东学习做泼水发酵茶。广东回来后，三个厂各自钻研，直到 1975 年后，云南三大茶厂才有了相对成熟的工艺加工普洱熟茶。

茶水（听装），最早在1980年开始加工

1980年，日本经销商以福建乌龙茶为原料创制罐装茶水获得成功，开创世界茶水饮料的先河。1981年，三得利开始在日本生产和销售中国福建省特产“乌龙茶”，并由此在清凉饮料市场开创出了全新的无糖茶领域易拉罐冷饮乌龙茶，成为先驱。曾经中国每年销往日本的1500多吨乌龙茶，其中90%是用作罐装茶原料。以后，日本又生产了既可冷饮又可自然加热的罐装茶，中国福建也成功制成乌龙茶浓缩液销往世界。中国乌龙茶在日本经久不衰，销量甚至超过了可口可乐。

茶宴雅集

07

- 记载最早的“茶宴”
- 最有传承影响的“茶宴”
- 唐代最有名的雅集画
- 宋代最有名的雅集画
- 明代最有名的雅集画
- 清代最有名的雅集画

记载最早的“茶宴”

茶宴，从雅集延伸而生。

从西汉梁园之游，三国邺下雅集，三国吴孙皓“密赐茶荈以代酒”（这是以茶代酒宴请宾客的开始，但尚不是正式茶宴），魏晋竹林七贤，西晋金谷园雅集，东晋大将军桓温每设宴“唯下七奠茶果而已”，这当是茶宴的原型，南北朝竟陵八友，直到“每岁吴兴、毗陵二郡大守采茶宴于此”，这是“茶宴”一词最早的文字记载。所以最早的“茶宴”文字记载出现在南北朝时期。

唐代吕温在《三月三日茶宴序》中写道：“三月三日，上巳禊饮之日也。诸子议以茶酌而代焉。”说“三月三”，大家用茶宴的品茶代替了像“兰亭雅集”的用酒。其记叙的茶宴和美好的大自然景象融为一体：花朵盛开，花香撩人，竹林清阴，树丛爽甚，让人置身在绿树成荫闲庭散漫中，清风吹拂心田，春日暖洋洋，有人“卧指青霭”，有人“坐攀香枝”，人们毫无拘束，黄莺加入进来就近在咫尺，迟迟不肯飞去；再看树枝头上红色花蕊自然飘落，点洒在人们的身上，为茶宴增添了野趣，让人陶醉其中。喝的茶是“香沫，浮素杯，殷凝琥珀之色”，这茶与酒相比的特点有“不令人醉，微觉清思”，其珍贵程度就连五云仙浆也无法比拟。

唐代贡茶制度建立以后，湖州紫笋茶和常州阳羡茶被列为“贡茶”，两州刺史每年早春都要在两州毗邻的顾渚山境会亭举办盛大茶宴，邀请一些社会名人共同品尝和审定贡茶的质量。唐宝历年间，两州刺史邀请时任苏州刺史的白居易赴茶宴，白居易因病不能参加，特作诗一首《夜闻贾常州崔湖州茶山境会亭欢宴》：“遥闻境会茶山夜，珠翠歌钟俱绕身。盘下中分两州界，灯前各作一家春。青娥递午应争妙。紫笋齐尝各斗新。白叹花时北窗下，蒲黄酒对病眠人。”该诗表达了白居易对不能参加茶山盛宴的惋惜之情。

宋代茶宴之风盛行，与最高统治者嗜茶是分不开的，尤其是宋徽宗对茶颇有讲究，曾撰《大观茶论》二十篇，还亲自烹茶赐宴群臣，蔡京在《大清楼特宴记》《保和殿曲宴记》《延福宫曲宴记》中都有记载。如《延福宫曲宴记》写道：“宣和二年十二月癸巳，召宰执亲王等曲宴于延福宫……上命近侍取茶具，亲手注汤击拂，少顷白乳浮盏面，如疏星淡月，顾诸臣曰：此自布茶。饮毕皆顿首谢。”

当时，禅林茶宴最有代表性的当属径山寺茶宴。后来，也成为了传承最有影响的“茶宴”。

茶宴，还成为了发展斗茶茶游艺的基础。

最有传承影响的“茶宴”

“茶宴”“茶礼”，是主要在唐代形成的风气，也丰富了唐代饮茶形式。在茶宴上，以茶代酒，辅以点心，请客作宴，成为一种清俭绝俗的时尚。中唐以后，在南方许多寺院，寺寺种茶、无僧不嗜茶，茶与佛教的关系进一步密切。茶宴、茶礼成为僧人修课仪式和内容，饮茶被列入禅门清规，被制度化、仪轨化。到了宋代时，南方产茶地域扩大，制茶工艺更精细，饮茶方式也更多样，“茶宴”之风在禅林寺院更为流行。最有影响的、最负盛名的要数宋代杭州余杭县径山禅寺的“径山茶宴”。

径山禅寺创建于唐天宝年间，法钦禅师开山。南宋时名僧大慧宗杲住持该山，南宋嘉定年间（1208—1224 年）被评列为江南禅院“五山十刹”之首，号称“东南第一禅院”。法钦禅师曾手植茶数株，采以供佛。径山茶，色淡味长，品质优良。唐代陆羽隐居著书之地即为径山寺附近的苕溪；苏轼、陆游、范成大等名流都曾慕名到径山寺参佛品茶；宋孝宗登临径山所题“孝御碑”，历 800 年至今残碑犹存；径山茶用于皇室贡茶和寺院招待高僧、名流，朝廷也多次假径山寺举办茶宴，使得“径山茶宴”名扬天下。

“径山茶宴”，以其兼具山林野趣和禅林高韵而闻名于世，形成了一套固定、讲究的仪式。径山寺寺规，贵客光临，住持在明月堂举办茶宴，众佛门子弟围坐“茶堂”。从张茶榜、击茶鼓、恭请入堂、上香礼佛、煎汤点茶、行盏分茶、说偈吃茶到谢茶退堂，十多道仪式程序，依次点茶、献茶、闻香、观色、尝味、叙谊。住持亲自冲点香茗“佛茶”，以示敬意，称为“点茶”；然后寺僧们依次将香茗奉献给来宾，称为“献茶”；赴宴者接过茶后先打开茶碗盖闻香，再举碗观赏茶汤色泽，尔后才启口品味。茶过三巡，始评品茶香、茶色，借茶赞扬主人道德品行，最后才是论佛诵经，谈事叙谊。谈话时宾主或师徒之间，机锋偈语，慧光灵现。径山茶宴，堂设古雅，行式规范，主躬客随，礼仪备至，依时如法，和洽圆融，体现了禅院清规、礼式和茶艺的完美结合，甚称茶禅文化的经典程式。以茶参禅问道，是径山茶宴的精髓。

“径山茶宴”传入日本，始于日僧荣西（1141—1215 年）。他曾两度入宋求法，因在都城祈雨应验而获得在径山寺大汤茶会的礼遇。他归国时带去了天台山茶叶、茶籽以及植茶、制茶技术和饮茶礼法。

南宋端平二年（1235 年）日僧圆尔辨圆在余杭径山寺从无准师范等习禅 3 年，于南宋淳祐元年（1241 年）嗣法而归，带去了《禅院清规》壹卷、锡鼓、径山茶种和饮茶方法。圆尔辨圆将茶种栽培于其故乡，生产出日本碾茶（末茶）。他创建了东福寺，并开创了日临济宗东福寺派法系。他依《禅院清规》制订出《东福寺清规》，将茶礼列为禅僧日常生活中必须遵守的行仪作法。其后径山寺僧、曾与圆尔辨圆为同门师兄弟的兰溪道隆、无学祖元也先后赴日弘教，与圆尔辨圆互为呼

应。在日本禅院中大量移植宋法，使宋代禅风广为流布，寺院茶礼特别是径山茶宴多为演绎传习。

南宋开庆元年（1259 年），日僧南浦昭明入宋求法，在杭州净慈寺拜虚堂智愚为师。后虚堂奉沼住持径山法席，昭明亦迹随至径山续学，并于南宋咸淳三年（1267 年）辞山归国，带回中国茶典籍多部及径山茶宴用的茶台子及茶道器具多种。从此，“径山茶宴”正式系统地传入日本，并逐渐发展为后来的日本茶道。

唐代最有名的雅集画

唐代最有名的雅集画是《宫乐图 》(会茗图)，存世为宋人摹本，台北故宫博物院藏。

唐《宫乐图》(会茗图)，以工笔重彩绘写唐代宫廷十二佳丽在室内举行茶会（宴）娱乐饮茗的盛况。画中人物，神态生动，体态丰腴，描绘细腻，色彩艳丽，展现大唐宽宏健硕的女性审美风尚。竹编长案中间放着茶汤盆、长柄勺、漆盒、小碟、茶碗等，一仕女正用长柄茶勺舀取茶盆中的茶汤，进行分茶。五位演奏佳丽，由右往左，手持胡笳、琵琶、古筝与笙，一位侍立者击打拍板以为节奏律；其余佳丽手执纨扇，赏曲啜茗，恣态各异，自娱自乐，雍容自如、悠然自得、恬静宜雅的雅

《宫乐图 》(会茗图）(唐）佚名

集茶会，瞬间凝固在画面上。这件作品并没有画家的款印。据考证,《宫乐图》完成于晚唐，也正是唐代“尚茶成风”的时期。

唐代宫廷经常举办这类茶会，有在室内也有在室外还有在亭中。唐代德宗时期的宫女诗人鲍君徽，在她的《东亭茶宴》诗中就有描写宫女妃嫔的茶会情形:“闲朝向晚出帘栊，茗宴东亭四望通。远眺城池山色里，俯聆弦管水声中。幽篁引沼新抽翠，芳槿低檐欲吐红。坐久此中无限兴，更怜团扇起清风。”诗中的“茗宴”就是“茶宴”。

宋代最有名的雅集画

宋代最有名的雅集画是宋代《文会图》，是公认的描绘茶宴的佳作。《文会图》轴，北宋赵佶绘，设色绢本，纵 184.4 厘米，横 123.9 厘米，中国台北故宫博物院藏。

宋徽宗赵佶（1082—1135 年），在位 25 年，是一位才华出众的风流天子，善书画，山水、人物、花鸟、墨竹无一不精。书学黄庭坚，后自成一体，号“瘦金体”。他精通茶艺，著有《大观茶论》。

宋代文士雅集茶会比较讲究，形成有挂画、插花、焚香、煮茶的“文人四雅”。《文会图》向人们再现了北宋时期文人品茗茶会的场景。

一座颇具岁月的庭园，数棵大树参天，旁临曲池，石脚显露；四周栏楯围护，垂柳修竹，绿荫婆娑。

在两棵大树下，设一张巨型贝雕黑漆方桌，桌案上摆放着八盘果品和六瓶插花，桌案右边和左边各放着一件套的放在注碗中的执壶。围坐的宾主人人面前都放着瓷托盏；桌上还陈放有丰盛的果品、食物和备用盘碟、水樽、杯盏等。垂柳后设一石案几，案几上香炉一只并有横陈仲尼式瑶琴一张，琴谱数页，琴囊已解，似乎刚刚弹拨过。

八位文士围着巨型贝雕黑漆方桌而坐，或举杯品饮，或与侍者轻声细语，或端坐聆听，或侧身交谈，或独自凝神沉思，意态闲雅。一位文士离席与旁边人窃窃私语，另一位文士起身似与对面的文士叙话。两位侍女端捧杯盘，往来其间，至桌边献茶。一位童子侍立一侧，等候招呼差遣。而在竹丛一侧边上的大树下，有两位文士正在寒暄，拱手行礼。

在巨型贝雕黑漆方桌的前方不远处，设有伺茶矮几、茶桌，矮几上放置两只水樽等物，一侍女正在矮几边忙碌，擦拭几面。茶桌上陈列白色茶盏、黑色盏托等物。一侍女左手端托盏，右手持长柄茶匙，正在从茶罐中舀取茶粉匀入茶盏。茶桌和矮几旁陈设有茶炉、具列、水盂、水缸、酒坛等物。茶炉上置汤瓶两只，炉火正炽，显然正在煮水候汤。童子在一旁手提汤瓶，意在点茶。一位文士似乎口渴，亲自端盘来到茶桌边等候点茶。

《文会图》中宴会场面宏大而雅致，故友相逢，三三两两亲切交谈，还有的离开自己的座位走到老友跟前，将茶宴中珍馐、插花、音乐、焚香等融于一图之中，实为宋代茶画之精品。

文会图（宋徽宗赵佶绘）

明代最有名的雅集画

明代最有名的雅集画是《惠山茶会图》，明代文征明绘，纵 21.9 厘米，横 67 厘米，现藏北京故宫博物院。

《惠山茶会图》创作于明正德十三年（1518 年），图中内容表现的是农历二月十九，清明时节，文征明同书画好友蔡羽、汤珍、王守、王宠等游览无锡惠山，汇集惠山山麓“竹炉山房”，在“天下第二泉”亭下，“注泉于王氏鼎，三讲而三啜之”，饮茶赋诗。对这次茶会的记叙，文征明作画有《惠山茶会图》，画前引首处有蔡羽书的“惠山茶会序”，后纸有蔡明、汤珍、王宠各书记游诗。诗画相应，抒性达意。惠山茶会的时间，在蔡羽书的“惠山茶会序”有“戊子为二月十九清明日”。

茶会，在一片高大的松树林间举行。青山绿水，草亭泉井，苍松翠柏，枝叶浓密，文征明同书画好友蔡羽、汤珍、王守、王宠这五位文士，游玩在其间，或围井而坐，展卷论泉，或散步林间，赏景交谈，或观看童子煮茶，吟哦起兴。草地上置有两方茶事用的茶桌几，桌上摆着

惠山茶会图

多种精致的茶事用具，包括有插花用的花瓶；桌边有一方形的风炉正在烧泡茶的泉水。两位侍童忙着烹茶和布置茶具。刚来到的一位文士拱手而立，向草亭中两文士致意。草亭中有一口井，井旁有两个文士倚靠井栏而坐，凝神思索，闲谈论诗。草亭后一条小径通向密林深处，也有两位文士一路交谈，漫步而来。前面有一书童沿石阶而下，前行引路。

闲适淡泊，幽静从容，这是一次文人的露天茶会。

文征明及其朋友常于此地赏泉烹茶，作诗绘画。此画中流露出来的雅逸茶韵，反映了明代后期文士崇尚自然清新而又不失古风的茶道格局。

清代最有名的雅集画

清代最有名的雅集画是《千叟宴图》。

千叟宴是清代宫廷中举行的规模最大、参加人数最多的盛宴，始于康熙朝，盛于乾隆朝，嘉庆朝以后不再举行。康熙五十二年是康熙皇帝六旬万寿，在畅春园分别宴请了 65 岁以上的现任和休致的满蒙汉大臣、兵丁等两千多人。康熙六十一年正月，再次召 65 岁以上满蒙汉大臣及百姓等 1020 人，赐宴于乾清宫前。宴间，康熙帝与满汉大臣作诗纪盛，名《千叟宴诗》，“千叟宴”始成名。乾隆年间，曾两度于乾清宫举行千叟宴，规模更为宏大，与宴者竟达 3000 人。千叟宴的举行，反映了清代所提倡的“养老尊贤”“八孝出悌”和优老政策，是清统治者在政治上笼络民心，有维护朝廷统治的作用。

千叟宴图

清康熙五十二年（1713 年），清圣祖康熙皇帝 60 岁，布告天下耆老，年 65 岁以上者，官民不论，均可按时赶到京城参加畅春园的聚宴。首次举办“千叟宴”。

就在农历三月二十五，康熙帝在畅春园正门前首宴满蒙汉族大臣、官员及士庶，年 90 岁以上者 33 人，80 岁以上者 538 人，70 岁以上者 1823 人，65 岁以上者 1846 人。诸皇子、皇孙、宗室子孙凡年纪在 10 岁以上、20 岁以下者，均出来为老人们奉杯敬茶、执爵敬酒、分发食品，扶 80 岁以上老人到康熙帝面前亲视饮酒，以示恩宠，并赏给外地老人银两不等。

“千叟宴”的各种宴会上都要用茶。康熙、乾隆两朝举行过四次规模巨大的“千叟宴”，每次人数多达二三千人。席上也要赋诗。开始也要饮茶，先由御膳茶房向皇帝进献红奶茶一碗，然后分赐殿内及东西檐下王公大臣，连茶碗也赏给他们，其余赴宴者则不赏茶。被赏茶的王公大臣接茶后均行一叩礼，以谢赏茶之恩。之后，始上酒菜正式开宴。此外，皇宫举行的各种宴会开始都要先进奶茶，再摆酒席。

在乾隆时期也举行过两次“千叟宴”。乾隆五十年正月的一次与会人员达 3000 余人，最高龄者 104 岁。乾隆六十一年的一次预定入宴者竟达 5000 人。乾清宫内外摆布不下，又将宁寿宫、皇极殿也辟为宴席。殿内左右为一品大臣，殿檐下左右为二品和外国使者，丹墀角路上为三品，丹墀下左右为四品、五品和蒙古台吉席。其余在寿宁宫门外两旁。此宴共设席 800 桌，桌分东西，每路 6 排，最少每排 22 席，最多每排 100 席。这么多人参与宴会，并不都赐茶，但茶膳房官员向皇帝“进茶”却代表了 5000 人的意思。这是中国古代最多人数的茶会。

08 茶习俗

- 记载最早的茶俗
- 记载最早的贡茶俗
- 历史上最有影响的茶俗
- 喝茶习俗最讲究的地方
- 最古老的少数民族饮茶俗
- 西藏用茶习俗最早在汉代
- 新疆饮用茶习俗最晚于唐代
- 中国台湾最早的茶俗与祖国大陆同源
- 茶习俗最丰富的国家
- 擂茶习俗最丰富的地方

记载最早的茶俗

西周时代朝廷祭祀时已经用到茶。《周礼·地官·掌茶》有:“掌茶,掌以时聚茶以共丧事。”掌茶是官名,“掌茶,下士二人,府一人,史一人,徒二十人”。

在中国民间有多种具体的祭茶习俗。祭茶习俗,是中国最早的茶俗。

“建房茶”是一种民俗茶品。盖房时盛行“建房茶”,流行于浙江农村。上梁时要撒茶叶等,以求吉利。

“三茶六酒”祭祀习俗。浙江绍兴、宁波等地供奉神灵和祭祀祖先时,祭桌上除鸡、鸭、鱼、肉外,还置杯九个,其中三杯茶,六杯酒。因九为奇数之终,代表多数,以此表示祭祀隆重丰富。福建蕉城春节得用三茶六酒祭祀祖先与神灵。除夕、春节得供“茶米水”(即茶水,闽人称茶为茶米),正月初一供年茶,然后大家喝做年糖茶(当地人称春节为做年),拜年要喝冰糖茶,这些加入了调料的甜味茶带着“大家喝了就可以一年到头口甜心甜”的美好寓意。正月初一还有向祖先讲茶的习俗,每位祖牌前放置一盅茶,然后尽膜拜,捧茶、举茶、献茶等仪式。

“龙籽袋”是丧俗用品。旧时福建福安一带采用土葬,棺木入土前在坟穴里铺一红毯,将茶叶、麦豆、芝麻以及钱币等物撒在毯上,再由家人捡起来放入布袋,谓之“龙籽袋”。带回家挂在楼梁或木仓内长期保存,作为死者留给家里的财富,象征今后日子吉祥,幸福。此俗现以消失。“畲族茶枝”是畲族丧俗用品。在举行葬礼时,让逝者右手执一茶树枝,相传茶枝是神龙的化身,能趋利避害,使黑暗变光明。“麻姑茶”明代道士邓思在南城外麻姑山修建麻姑庵,每天供奉的茶称为麻姑茶。加工方法于今银针茶相似,汤色黄亮,香浓味隽。“湖南丧者茶枕”是湖南地方丧俗用品。为亡者做的茶枕呈三角型，用白布做成，里面充满粗茶。随死者放入棺木，象征死者爱茶，并可消除臭味。

“纳西族鸡鸣祭”是云南丽江纳西族丧俗。当地办丧事一般在吊唁当天五更鸡叫时分进行，家人备好点心、米粥供于灵前。子女用茶罐泡茶，再倒入茶盅祭祀亡灵。“鸡鸣祭”是家人对逝者的怀念。“德昂族葬礼茶”是云南德昂族丧俗。在安葬亡者时用竹子编制三所小竹房，称为“合帕”。其中一个罩在棺木上，合帕内放置茶叶、烟草等供物及死者生前用过的事物。“纳西族含殓”是纳西族丧葬习俗。纳西族人即将去世时，由其子将包有少量茶叶、碎银和米粒的小红布放入病者口内，等病人死后，取出红布，挂于死者胸前，寄托家人的哀思。

“祭茶神”是旧时湘西苗族祭祀习俗。祭祀分为三种：早晨祭早茶神，正午祭日茶神，夜晚祭晚茶神。祭品以茶为主，辅以钱纸、米粑等物。“祭茶树”是云南西双版纳傣族自治州基诺山区祭祀习俗。每年夏历正月间进行，由各家男性家长于清早带公鸡一只到茶树下宰杀，拔下鸡毛连血贴在树干上，边贴边说一些吉利话，期望茶树好收成。

“茶郊妈祖”是中国台湾保护茶工渡海安全的神祖。台湾早期做茶师傅多从福建聘请，每年春季做茶季节，大批茶工从福建渡海到台湾，秋季返回家乡。因渡海安全为众人关注，故航海保护神妈祖被茶工供奉祭拜。早期员工们春天从家乡随身带去保护渡海安全的妈祖香火，到台湾后把香火挂在茶郊和兴的“回春所”内，秋天回去再带回家乡。后来，从福建迎来祖神，称为“茶郊妈祖”，恭奉在回春所内让大家祭拜。每年农历九月二十二日，即茶神陆羽生日，为共同祭拜茶郊妈祖之日，亦即茶季结束。茶郊妈祖至今仍奉祀在中国台北茶商业同业公会内。

记载最早的贡茶俗

典籍记载最迟在公元前 1066 年，中国古代先民已经开辟有茶园，茶已开始在园中栽植；茶还作为诸侯国献给周王朝的贡品，即贡茶。

东晋常璩撰写的《华阳国志 · 巴志》记载："周武王伐纣，实得巴蜀之师，著乎《尚书》。武王既克殷，以其宗姬封于巴……鱼、盐、铜、铁、丹、漆、茶、蜜……皆纳贡之。其果实之珍者：树有荔枝……园有芳蒻、香茗"，这是已知最早以文字记载贡茶俗的典籍。

《华阳国志》又名《华阳国记》，是由东晋常璩撰写于晋穆帝永和四年至永和十年（348—354 年）的一部专门记述古代中国西南地区地方历史、地理、人物等的地方志著作。全书分为巴志，汉中志，蜀志，南中志，公孙述、刘二牧志，刘先主志，刘后主志，大同志，李特、李雄、李期、李寿、李势志，先贤士女总赞，后贤志，序志并士女目录等，共 12 卷，约 11 万字。《华阳国志》记录了从远古到东晋永和三年巴蜀史事，记录了这些地方的出产和历史人物。

贡茶，带有隆重的献礼性质，蕴含在茶中的秩序感已经呈现初端。

历史上最有影响的茶俗

古代，中国的传统婚姻习俗历史悠久影响广大。订婚是确定婚姻关系的一个重要仪式，男子托媒人向女方家送聘礼时，聘礼中必须要有茶叶，叫“下茶”（又名“定茶”“传茶”）；传统民俗中把女子受聘订婚叫“受茶”（亦名“吃茶”）；新婚新人同房时的“合茶”，亦名“喜茶”。“下茶”“受茶”“合茶”就是古代“三茶六礼”的“三茶”。“六礼”指由求婚至完婚的整个结婚过程，即婚姻据以成立的纳采、问名、纳吉、纳征、请期、亲迎等六种仪式。三茶六礼的传统婚姻习俗礼仪，使结婚的夫妇取得祖先神灵的认可和承担履行对父母及亲属的权利义务。在古代，男女若非完成“三茶六礼”的过程，婚姻便不被承认为明媒正娶。

明许次纾《茶疏》载：“茶不移本，植必子生。古人结婚，必以茶为礼，取其不移植之意也。今人犹名其礼为下茶，亦曰吃茶。”因茶树移植则不生，种树必下籽，所以在古代婚俗中，茶便成为坚贞不移和婚后多子的象征，婚娶聘物必定有茶。

明代汤显祖的《牡丹亭》中：“我女已亡故三年，不说到纳彩下茶，便是指腹裁襟，一些没有。”清代孔尚任《桃花扇》中载：“花花彩轿门前挤，不少欠分毫茶礼。”清代曹雪芹《红楼梦》中凤姐对黛玉说：“你既吃了我们家的茶，怎么还不给我们家作媳妇？”可见，茶作为婚姻的表征影响已久。

三茶六礼婚茶俗，是历史上最有影响的茶俗。

喝茶习俗最讲究的地方

秦牧在《食在潮汕》文中以自豪的口吻写道："在我们这个种茶历史如此久远、喝茶风气如此普遍的国家中，哪一个地方喝茶最讲究呢？不瞒你说，这个地方，就是潮汕一带，也就是敝乡所在。"秦牧故乡广东澄海县，属潮汕地区，潮汕地区盛行的"工夫茶"是我国较为独特的饮茶风俗。秦牧认为，潮汕茶俗在中国具有代表性，这不无道理。

潮州不但产凤凰单丛茶，整个潮州就是个大茶馆，家家设茶台，处处是特色，还有别具代表性的自然室外空间"茶席"。清晨晨雾未散，800多年历史的湘子桥上依旧是"人语乱鱼床"，桥上的茶亭中那壶里是最普通不过的茶叶，也能美美一天；骑楼古城墙、牌坊街廊边，人们习惯如常，在这里一杯接着一杯茶喝下肚去，朱泥壶染了茶渍，也沾满了茶香；一棵高大的菩提树，落下叶子飘在古刹墙内墙外，此时，老和尚在开元寺里泡茶，红墙之外卖鼠壳粿的老陈也开始烫杯，一片叶子就这样见了众生；抬头便见己略黄公祠里"潮州木雕第一绝"，尺牍之间圆雕、沉雕、浮雕、镂空雕数种技法齐发，一段段故事和时空层叠体现，精巧之余又露了朴拙大气，用喝完一泡茶再煮一壶水的工夫还不能够看完；潮州喝茶规矩多，讲究也多，高、雅、清、幽，喝茶之风常以朴实为主，就连西湖处女泉边的茶座也格外质朴，一种从容自在的喝茶态度；去"叫水坑"（意思是"水声响"），这里拥有潮州保存最好的原始森林，择一块大石坐下，烹水泡茶听水响，心无旁骛，在这里脑海抛去了一切不快，只留我与茶在，听听自然溪水声。

素来粗料精做的潮州人，作为工夫，包括工夫茶之所以配上"工夫"二字，也带足了潮州人的讲究，有的还上升到"功夫"。

品茶器皿为四件，素称“四宝”即：玉书碨（砂铫，开水壶），潮汕炉（烘炉），孟臣罐（茶壶，容水约一市两），若琛瓯（茶杯，是白色的小瓷杯，容水不过二三钱，杯沿有蓝色花纹，杯底有“若琛珍藏”四字，价值极高）。炭要用乌榄核的，方才无烟雅致；小风（烘）炉要放置距离主人 7 步之遥，水温取到席上才刚好适用；朱泥壶要薄如纸；连“若深”杯也得玉一样光洁；砂铫的盖子在水滚时候要听得其发出噗噗噗得跳声……

潮州工夫茶茶史院

潮州工夫茶表演茶席

潮州工夫茶表演茶席

潮州工夫茶友客茶席

最古老的少数民族饮茶俗

烤茶，是最古老的少数民族饮茶俗。

烤茶是中国的白族、彝族、回族等少数民族饮茶的一种方法。烤茶有清心、明目、利尿的作用，还可消除生茶的寒性。

烤茶一般都设置了镶以木架的铸铁火盆，上面放有一个铁三角架，来了客人，主人便在火盆升火，放上砂罐准备烤茶待客。待砂罐煨热后，放入茶叶，迅速抖动簸荡偎烤。待茶叶烤至黴黄色，飘逸出清幽的茶香时，冲入一勺开水。这时，只听“佣”的一声，被冲起来的茶水泡沫也升至罐口，有如绣球花状，堂以立时飘逸一股诱人的茶香。这一冲茶之声，又响又脆，因而又称烤茶为“雷响茶”。煨烤的茶水，茶色澄黄，浓香扑鼻。烤茶一般冲水三道，边煨烤边品茗：初饮觉得其味微苦，再品则甘香醇厚，最后一道更觉其味甘甜，愈品味道愈美，满齿留香，令人回味不止。此谓“头苦、二甘、三回味”。有的地方在饮第二道茶时，还往茶内放入核桃仁片、红糖、蜂蜜和几粒花椒，别具一番风味。

烤茶的茶具也很别致。烤茶的砂罐粗糙，而茶盅却为小巧玲珑、洁白晶莹的瓷杯。按照“酒满敬客，茶满欺人”的习俗，主人斟茶要少，仅以品啜一二口为宜。当主人双手高举茶盅向客人献第一盅茶时，客人接茶后应将它转敬主人家中的最年长者和座中长辈，彼此谦让一番之后，客人方可品茗。这时，客人一边品啜，还要一边赞赏茶味的甘香，欣赏茶盅的精巧。

烤茶也称“罐罐茶”“火笼茶”。

西藏用茶习俗最早在汉代

据文字记载，茶叶传入西藏最早的是于唐代。唐贞观十五年（641年），文成公主入吐蕃，唐太宗赠送了许多礼物，其中就有茶叶《西藏政教史鉴》（附录）说："茶亦自文成公主入藏土也"。达仓宗巴·班觉桑布《汉藏史集》（藏文书籍）也记载，在赞普赤都松赞（676—704年）在位时吐蕃已经出现茶和茶碗称"高贵的大德尊者全都饮用"。

长期以来，人们推测：茶叶是曾经沿着古代丝绸之路，从中国古都长安传送到中亚及更远地区，但一直没有发现唐代之前茶叶进入青藏高原的证据。

2012年，考古专家在西藏阿里噶尔县门士乡苯教寺庙故如甲木寺门前的一座贵族墓葬里，发现了黄金面具等惊世文物，一同出土的还有少量"疑似茶叶食物残体"。中科院地质与地球物理研究所通过对出土植物样品开展植硅体、植钙体和生物标志物分析，发现这些考古植物样品中含有只有茶叶才同时具有的茶叶植钙体、丰富的茶氨酸和咖啡因等可以相互验证的系统性证据，确认是茶叶。通过碳年龄测定，其距今约1800年。科学证据显示，1800年前西藏古象雄王国时期，茶叶已经被输送到海拔4500米的阿里地区。当时，西藏王室显贵尚茶，他们不仅在生前喜欢喝茶，死后还喜欢将茶作为随葬品。

这一考古发现表明在汉代茶叶就已经传入西藏。专家推测，茶叶到达西藏阿里的可能途径，应该与汉代开通的丝绸之路有关。在很多人看来遥远而荒凉的阿里地区，恰恰是早期各种文明交汇的"十字路口"。它向南连接着南亚，向西沟通着西亚、中亚，向北联络着东亚。可能早在吐蕃王朝建立之前，便有若干条纵横于高原之上的交通路线，与周边地区悠久而灿烂的古代文明，发生过密切的交往与联系。

可以说，西藏的饮用茶习俗可上溯到在汉代。

西藏布达拉宫，最初是唐朝时期吐蕃王朝赞普松赞干布为迎接文成公主而兴建，于 17 世纪重建，此清末照片

新疆饮用茶习俗最晚于唐代

《新唐书·陆羽传》中载:"其后尚茶成风，时回纥入朝，始驱马市茶。"这是我国历史上有关茶马互市的较早记载。唐人封演所著的笔记小说《封氏闻见记》记载:"(饮茶)……始自中地，流于塞外。往年回鹘(纥)入朝，大驱名马市茶而归，亦足怪焉"，说明在唐朝时期，生活在漠北的回鹘人与中原地区进行过茶马贸易。在回鹘人长期与中原地区的频繁交往中，中原先进的文化不断传入回鹘地区，中原的饮茶习俗也不例外，回鹘与中原之间出现了茶马贸易。公元 840 年，回鹘大规模西迁至西域之后，把饮茶习俗也带到了丝绸之路上，饮茶的习俗随之扩散到中亚各地，茶的需求也逐步增多起来。

托盏侍女图

1972 年出土于吐鲁番市阿斯塔那 187 号墓的屏风画《弈棋仕女图》(唐，佚名，弈棋侍女图局部，纵 81.4 厘米，新疆维吾尔自治区博物馆藏)，画面以弈棋贵妇为中心人物，围绕弈棋又有侍婢应候、儿童嬉戏等内容，反映了唐代西域女子充满闲情逸致的休闲娱乐生活。其中，《托盏侍女图》是《弈棋仕女图》的一部分，图中的奉茶侍女，头梳丫鬟髻，额间装饰花钿，身着蓝色印花圆领长袍，双手托盏，小心翼翼地将茶盏托于右手掌上。茶盏由茶托与茶杯组合而成，茶托为高足盘形，茶杯置于茶托的中央部位。从绢画中不好确定茶盏的质地，有可能是釉陶、器或木制。表现了侍女为弈棋的主人进茶的情景。

新疆吐鲁番阿斯塔那墓出土的屏风画《弈棋仕女图》中一部分《托盏侍女图》，就是唐朝饮茶习俗流传到西域的重要例证。

茶叶最早传入西域的地区是吐鲁番。文献记载和考古发现表明，唐朝时期茶就被传入到西域，而且出现了茶马贸易，丰富了西域各族人民的饮食文化，推动了中原与西域之间的经济、文化交流。饮茶风俗和文化的普及，加速了西域对中原文化的体验和认同。

中国台湾最早的茶俗与祖国大陆同源

清嘉庆十五年（1810年）中国台湾从福建引种茶树。台湾的茶俗与祖国大陆的文化是同根同源，在婚丧嫁娶、祭祀等礼仪中都离不开茶。

待客茶礼和过年茶礼。宋（佚名）《南窗纪谈》上就有："客至以设茶，欲去则设汤，不知起于何时，上自官府，下至闾里，莫之或发；有武臣杨应诚独日，客至设汤，是饮人亦乐也，故其家多以蜜渍橙木瓜之类未汤饮茶。"台湾茶俗主要承习大陆南方，喜好工夫茶，在接待客人时，主人往往会泡上一壶浓浓的工夫茶，在敬茶时置备一些糕点蜜饯，喝有茶配的工夫茶谓之"全茶"，没有茶配的则叫"半茶"。台湾的过年，从腊月二十四便拉开了序幕，要准备好甜黏的蜜饯、茶料，还要沏工夫茶，放到灶台的"司命灶君"前，然后烧香放鞭炮，为"灶君"送行。

婚姻嫁娶茶礼。台湾婚俗相亲，就是男方父母、准新郎和媒人一起到女方家里去，女方的父母就命准新娘端茶出来待客。这样，由于准新娘要从卧室里走出来，并把茶杯分别得到准新郎等客人的手中。所以不管是走路的姿态、五官相貌甚至举止的美丽、端庄与否，可以看得一目了然。准新郎因为陪同前往，且一直坐在客厅里与双方的父母交谈，所以他的相貌与举止，也无所遁形。准新娘利用端茶待客的瞬间，用眼角偷瞄一下准新郎。彼此看对眼，就是订亲。这时，男方下聘的人会在空杯子里放下一个红包，以表示"这门亲事要定了"。在婚俗中，茶的用途还有一项，那就是在婚礼结束之后，新郎族中的长辈，照例要“喝甜茶”。所谓“喝甜茶”，就是长辈们在客厅中依次坐着，然后由媒人搀扶着新娘，给一个个长辈奉上“喝甜茶”，新娘走到客人面前时，客人要说几句吉利话来祝福新人（最好是四句组成的押韵诗句），再接受奉茶。新人来收茶杯时，客人要将红包放在茶盘上，再用茶杯压住，称为“压钱”，这差不多都是新婚的小两口们最兴奋的时刻。

台湾有许多中老年人一大早就提着一壶茶到土地公和妈祖庙里为神明点茶，先在神龛上摆好三个杯子，再将茶杯注满新茶，此称为点茶，以祈求神灵的护佑。台湾习俗在祭祖先和神灵时也要用到茶，又因祭祀的对象不同有不同的礼节。祭祀神佛、祖先也用茶水，以三杯为主，也可用清水或干茶代替。

在台湾乡间路边的树下或亭中置有一个茶桶，桶上用红纸写有“奉茶”二字，此茶水是专供路上来往行人饮用。有的是民众为了积功德、助他人而主动设“奉茶”。

在新竹、苗栗客家特产柚子茶，是由柚子和茶制成的。食用的时候将柚子茶装在容器里，加入冰糖，用开水冲泡即可，此茶有着柚子特殊的芳香，味清甘而温和，具有降火、止咳、化痰、降压的功效。关于柚子茶的来由，还有个传说故事，相传民族英雄郑成功积累了许多茶叶药用验方偏方，后来率军收复台湾，就将军中贮藏的陈年柚茶分送给缺医少药的百姓，治好了他们所染的时疫。老百姓为了纪念他，将柚茶称为“成功药茶”。

茶习俗最丰富的国家

中国是茶习俗历史悠久且丰富的国家，中国古代就有贡茶俗、婚茶俗、祭茶俗、饮茶俗，还有众多茶习俗。

清明茶。清明茶，色泽绿翠，叶质柔软，香高味醇，奇特优雅，清明茶之说源自古代祭天祀祖用茶。

端午茶。端午茶，是流行于浙江古县松阳的一种以草药为原料的传统茶饮，被誉为“百病茶”“百家茶”，具有很高的保健价值。端午茶在端午节正午制作饮用，其制作的草药原料很多，有苍术、柴胡、藿香、白芷、桂皮、麦芽、桑叶、鱼腥草、红茶，等等。相传，唐代道教名士、括苍仙人叶法善，在松阳卯山采制仙茶，常年饮用，活了 105 岁。

擂茶，也称“咸茶”。擂茶是把茶和一些配料放进擂钵里擂碎冲沸水而成擂茶，以广东的揭阳、普宁等地的客家擂茶著称。湖南、江西、福建、贵州、部分地区也兴擂茶。擂茶原料一般只用茶叶、大米、桔皮擂制。讲究的还放入适量的中药菌陈、甘草、川芎、肉桂等。喝起来特别香甜，是一种可口的饮料，特别是在炎夏，具有清凉解暑的功效。在喝擂茶的同时，还备有佐茶的食品，如花生、瓜子、炒黄豆、爆米花、笋干、南瓜干、咸菜等。喝茶时一要趁热，二要慢咽，只有这样才会有“九曲回肠，心旷神怡”之感。

竹筒茶。竹筒茶以傣族竹筒茶著称，是将清毛茶放进竹筒里，边烤边捣压，把竹筒装满，茶叶烤干，之后剖开竹筒将茶叶取出冲泡饮用。

锅帽茶。锅帽茶是布朗族传茶叶文化，在锣锅内放入茶叶和几块燃着的木炭，用双手抖动，使茶叶和木炭接触，直到有浓郁的茶香味散出时，就可以倒出，去掉木炭，再把茶叶倒回锣锅内加水煮几分钟即可。

苦茶。贵州省盘州市竹海镇彝族茶农仍沿用传承千年的唐代团饼茶制作工艺，将茶炒揉后，捏成团饼状，用棕叶包裹挂于灶上炕干，叫“苦茶”。茶在彝文古书《祭龙纪》中为口语“纪堵”，与古代茶的读音“荼”相似。

酥油茶。酥油茶，是一种以茶为主料，并加有多种食料经混合而成的液体饮料，所以，滋味多样，喝起来咸里透香，甘中有甜，它既可暖身御寒，又能补充营养。在西藏高原地带，人烟稀少，家中少有客人进门。偶尔，有客来访，可招待的东西很少，加上酥油茶的独特作用，因此，敬酥油茶便成了西藏人款待宾客的珍贵礼仪。

奶茶。蒙古族、哈萨克族等北方游牧民族做的奶茶统称草原奶茶，蒙古奶茶、新疆奶茶均属于草原奶茶。草原奶茶是所有奶茶的鼻祖，用砖茶混合鲜奶加盐熬制而成。北方草原气候寒冷，喝热的咸奶茶可以驱寒。草原奶茶风味独特。蒙古族喝的咸奶茶，用的多为青砖茶或黑砖茶，煮茶的器具是铁锅。煮咸奶茶时，应先把砖茶打碎，将洗净的铁锅置于火上，盛水 2 ～ 3 千克，烧水至刚沸腾时，加入打碎的砖茶 50 ～ 80 克。当水再次沸腾 5 分钟后，掺入牛奶，用奶量为水的五分之一左右，稍加搅动，再加入适量盐巴。等到整锅咸奶茶开始沸腾时再放少量炒米进去，才算把咸奶茶煮好了，即可盛在碗中待饮。

油茶。苗族的油茶，主要是把玉米、黄豆、蚕豆、红薯片、麦粉团、芝麻、糯米分别炒熟，用茶油炸一下，存放起来。客人到来，将各种炸品及盐、蒜、胡椒粉放人碗中，用沸茶水冲开。世代相传：“清茶喝多了要肚胀，油茶吃多了反觉神清气爽。”所以，当地盛行着一句赞美喝油茶的顺口溜：“香油芝麻加葱花，美酒蜜糖不如它。一天油茶喝三碗，养精蓄力有劲头。”

盖碗茶，也称“三泡台茶”。盖碗茶是回族、撒拉族的传统茶文化。首先在有盖的碗里同时放入茶叶、碎核桃仁、桂圆肉、红枣、冰糖等，加入开水盖好盖子即可，盖碗茶要在吃饭之前喝，倒茶时要当面将碗盖揭开，并用双手托碗捧奉给客人，以表示对客人的尊敬。

面罐茶。面罐茶是羌族的茶食。备两只大小不等的瓦罐，大罐煮水，加盐、葱、姜、花椒，放火塘上煮沸，把凉水调好的面浆兑入罐内煮熟；把晒青茶或紧压茶放入小罐内加水用文火熬煮，茶汁兑入面罐，再分装到小碗，加入炒好的腊肉、核桃、花生米、豆腐和鸡蛋等佐料。

麦茶。撒拉族人将麦粒炒焙半焦捣碎后，加盐和其他配料，以陶罐熬成。

果叶茶。撒拉族的茶饮品，是用晒干后炒成半焦的果树叶子制成的。

蚂蚁草茶。撒拉族的茶饮品，是用蚂蚁草制采下来晒晒，小火炒干，放在陶罐里煮后饮用。

女儿茶。女儿茶是普洱茶的一种。由于采茶者全是年轻女子，采茶所得作为嫁妆嫁资，故有“女儿茶”之名。其形状，鲜叶小而圆，经过蒸压，呈碗形或圆形，一般每只四两重，产于西双版纳。

祝福茶。在客人即将告辞时，送上一杯桂花金桔茶，并送上祝福的吉言。这是武夷山挖掘传统茶俗“三道茶”而恢复的习俗茶。“三道茶”，包括“迎宾茶”“留客茶”“祝福茶”。“迎客茶”是为远道而来的客人送上的第一盏茶，并配有茶点。茶点是具有武夷山区特色的米焦、芝麻果、咸笋干、芋果等。香醇的茶和甜美的茶点，表示欢迎客人的到来。“留客茶”是让客人既能看到泡茶的技巧又能品尝到茶的色、香、味、形。一边品茶，一边交谈，无拘无束，其乐无比。“祝福茶”在客人即将告辞时，送上一杯桂花金桔茶，并送上祝福的吉言。

擂茶习俗最丰富的地方

中国华南六省多个民族保留擂茶古朴习俗，主要有：广东省的揭西、普宁、陆河、清远、英德、海丰、陆丰、惠来、五华等地，湖南省的常德、安化、桃江、桃源、益阳、张家界、长沙宁乡、临澧、凤凰、怀化等地，江西省的全南、赣县、石城、兴国、于都、瑞金、丰城、抚州南丰等地，福建省的将乐、泰宁、宁化等地，广西的贺州黄姚、公会、八步等地，台湾省的新竹、苗栗等地。

擂者，研磨也。擂茶，就是把茶叶、芝麻、花生等原料放进擂钵里研磨后冲开水喝的养生茶饮。擂茶的历史可溯源到三国时期的中原一带。湖南有“诸葛亮麾下进军湘中遭遇瘟疫，一老妪制擂茶祛疾”的故事。有关的文学记载也散见在一些古籍中，如黄升《玉林诗话》所载《肝胎族舍》一诗曰：“道旁草屋两三家，见客擂麻旋足茶。渐近中原语音好，不知淮水是天涯。”

湖南省是擂茶习俗最丰富的地方，有着十多个地方特色的擂茶习俗。

常德擂茶：制作的原料主要有茶叶、炒米、花生、黄豆、绿豆、芝麻、生姜等。原材料擂成泥糊状，称为“擂茶脚子”。根据茶汁的浓稠，分为“清水擂茶”和“糊糊擂茶”。用擂茶待客时，还需配上“压桌”点心，如爆米花、炸黄豆、炒花生、油炸豆、锅巴、酱萝卜、红薯片、蒿子粑粑、荞麦粑粑等。清水擂茶是碗里放入“擂茶脚子”，再用开水冲泡，即可食用。糊糊擂茶是将米粉放进冷水中化开，用铁锅在文火上熬熟成糊状，再加人“擂茶脚子”，拌匀后食用。

武陵擂茶：相传武陵擂茶有两千多年历史，东汉马援率兵南征，屯驻司马错城（今鼎城区长茅岭乡），军营闹瘟疫，有仙人献验方，验方上写着“芝麻、绿豆、生姜、茶叶、炒米，放入擂钵，用梓姜木捣成糊状，开水冲泡”。服后疫病痊愈，自此传入民间。擂茶，是沅水流域民众待客的上乘饮料。喝时，佐以炸炒的富有地方特色面点以及专门制作的坛子菜，称之为“搭茶”。搭茶，少则十几种，多则达四十八种，边吃边喝，饶有趣味。

张家界擂茶：做法是把炒香的芝麻、米花、黄豆、绿豆和茶叶、生姜放在擂钵擂成粉末，放入沸水中熬成粥状，倒人竹筒杯，加人开水和红糖即可饮用。土家族人认为，擂茶既是解渴充饥的食物，又是祛邪驱寒的良药。

桃源擂茶：摆茶的原料是生姜、生米、茶叶（外加芝麻）所以又叫“三生汤”。生米在擂前须炒熟。也有加以炒熟的芝麻、花生仁、黄豆等参入共擂之，更为芬芳。饮之可以释烦、解渴、消暑、去瘴，具有疏肝理肠、祛瘟避邪的功效。

桃江擂茶：其擂茶在省内外颇具盛名。制法大致和桃源的相同，只是在吃法上喜欢放糖，成为“甜饮”。特别是妇女怀孕和生育后，有天天喝擂茶的习俗，能起到母亲为胎儿和婴儿补充营养的作用。现在，有机制原料粉在市面上出现，直接用沸水冲泡，省去了擂制的过程。

安化擂茶：安化擂茶稠如粥，香中带咸，稀中有硬，通俗地说，就像一香喷喷的稀饭，每碗擂茶里面，有嚼的有喝的，喝上一碗，既使少吃一餐饭，也不觉得饿。安化擂茶原料为鲜茶叶、炒米、芝麻、花生、生姜、绿豆、食盐、山苍子等。放入擂钵捣烂成糊状，调和开水，制成擂茶。其擂茶种类众多，有梅城的“米擂茶”，奎溪坪、江南坪、东坪的“谷雨茶”。配料因季节不同，冬季用黄豆，夏季用绿豆，功能类型有止渴的、消炎的、防暑的、抗寒的、充饥的多种。

宁乡擂茶：其擂茶兼有桃江的特色。因为配以甜、酸、苦、辣、咸的食品同吃，俗称“五味汤”。此茶除了姜是生的外，其余配料都炒过，“脚子”很少，属于清水擂茶类。当地人善作“巧果”，即膨化的米糕，与擂茶同吃，口感极好。

郴州擂茶：原料以杂粮、果仁为主。制作方法分为粉擂和现擂。粉擂是将黄豆、玉米、小麦、芝麻、花生、干果等炸（炒）好，混合捣碎成粉末，密封备用。现擂是即时将炸炒好的原料放在擂钵中捣碎，再冲人热茶制成。

怀化土家族擂茶：土家族人认为擂茶能提神生津、正本祛邪，是“干劲汤”，为世代相传的“族饮”。制作方式与汉族的相同。一直以来，只要有贵客来到，必须用擂茶当作最隆重的礼节，给予款待。

凤凰擂茶：原料由大米、生姜、芝麻、大豆、花生、玉米等辅以茶叶在特制的擂钵中擂制而成。“海碗里观色，茶杯里品味，木碟里闻香，肚子里回味”是热情好客的土家族、苗族人款待客人和馈赠的最佳之品。在美丽的凤凰古城，擂茶更是和镇城之宝姜糖、血粑鸭一起被称为“凤凰三宝”。

09 茶水

- 最古老的汲井烹茶遗存
- 传世最有名的泉
- 皇帝评定的天下第一泉

最古老的汲井烹茶遗存

四川省邛崃市临邛镇里仁街，这里山树水竹，琴台亭榭，曲廊小桥，是邛崃著名的园林胜境。在这里有一口“文君井”，相传为西汉才女卓文君与才子司马相如开设“临邛酒肆”卖酒烹茶时的遗物。《邛崃县志》记载：“井泉清冽，甃砌异常，井的口径不过两尺，井腹渐宽如胆瓶然，至井底径几及丈”，形似一口埋入地下的大瓮。这也成为有记载的古人烹茶汲水最早的人工井。

西汉司马相如（约公元前179—前118年），早年父母双亡，孤苦一人，来到临邛（今邛崃），投靠担任县令的同窗好友王吉，结识了临

文君井

邛首富卓王孙。相如在卓家逗留时抚琴自娱，优雅《凤求凰》曲，飘进卓王孙之女卓文君房中，文君隔窗听琴，夜不成眠。终俩人当夜私奔成都，结为夫妇。后重返临邛，以卖酒为生。常汲取门前井水烹茶，茗粥相叙。

据《巴通列志》记载："孙（卓王孙）病僮过数，铸铁痨伤过数，君（卓文君）书诀，荼洗，日服。"另据唐外史《欢婚》记载："相如琴乐文君，无荼礼，文君父怨不待，相如无猜中官，文君忌怀，凡书必荼，悦其水容乃如家。"

汲井烹茶间，司马相如还编写了一本少儿识字读物《凡将篇》，其中 20 味中药名里列有以"荈诧"选用代表茶名字，成为了最早的写有"茶"字的读物。

后人为纪念家乡卓文君甘苦忠贞的爱情和汲井烹茶的佳话，遂将此井泉定名为文君井。

传世最有名的泉

“天下第一泉”的称谓有多处，其中：庐山康王谷谷帘泉、镇江扬子江中冷泉、北京玉泉山玉泉，这三个泉最著名。

“茶圣”陆羽很讲究泡茶用水，他遍游名山大川，品尝碧水清泉，将泉水排了名次，确认庐山的谷帘泉为“天下第一泉”。

谷帘泉在主峰大汉阳峰南面康王谷中（今星子县境内），康王谷距陶渊明故里仅 5 千米多，陶渊明的名作《桃花源记》的原型场境就在康王谷，相传陶渊明晚年曾在此度过一段清苦而恬静的生活。《星子县志》记载说：“昔始皇并六国，楚康王昭为秦将王翦所窘，逃于此，故名。康王谷深山有泉，发源于汉阳峰，中道因被岩山所阻，水流呈数百缕细水纷纷散落而下，远望似亮丽晶莹的珠帘悬挂谷中，因名谷帘泉。”

陆羽曾应洪州（今江西南昌）御史萧瑜之邀前往做客，确认庐山的谷帘泉为“天下第一泉”，江苏无锡的惠山泉为“天下第二泉”，湖北蕲水兰溪泉第三……谷帘泉经陆羽评定，声誉倍增，驰名四海。历代文人墨客接踵而至，纷纷品水题留。

晚唐张又新《煎茶水记》说：元和九年（814 年）春，张又新在荐福寺楚僧囊中发现一篇《煮茶记》，此文所云，唐代宗时期（763—778 年），陆羽与李季卿评论天下宜茶之水，他将水分为二十等，其中“庐山康王谷水帘水第一”。自此后，庐山谷帘泉为天下第一泉之美名流传千古，其中虽有人执疑，但未能撼动其第一之地位。而最早对包括庐山谷帘泉二十等水进行品鉴，也是张又新，他在《煎茶水记》又云：“此二十水，余尝试之。”他有一首《谢庐山僧寄谷帘水》诗云：“消渴茂陵客，甘凉庐阜泉。泻从千仞石，寄逐九江船。竹柜新茶出，铜铛活火煎。育花浮晚菊，沸沫响秋蝉。啜忆吴僧共，倾宜越碗圆。气清宁怕睡，骨健欲成仙。吏役寻无暇，诗情得有缘。深疑尝沆瀣，犹欠听潺湲。迢递康王谷，尘埃陆羽篇。何当结茅屋，长在水帘前。”

宋代学者王禹偁考究了谷帘泉水后，在《谷帘泉序》中说到此泉水：“其味不败，取茶煮之，浮云散雪之状，与井泉绝殊。”宋代名士王安石、朱熹、秦少游、白玉蟾等都饶有兴趣地游览品尝过谷帘泉，并留下了绚丽的诗章。白玉蟾（道教金丹派南宗的创始人、“南宗五祖”之一）对飞流的谷帘泉及泉区胜景吟诗勾画：“紫岩素瀑展长霓，草木幽深雾雨凄。竹里一蝉闯竹外，溪东双鹭过溪西。步入青红紫翠间，仙翁朝斗有遗坛。竹梢露重书犹湿，松里云深复亦寒。”

谷帘泉的瀑崖高数十米，宽十几米，崖壁腹部平整稍凸，使飞瀑能依壁而下形成“帘”式结构，“帘”与“帘”之间，以水柱相隔，初分五道，至中部，复成七道，中无空隙，形成统一的特大的“帘”体。又因泉流下泻迅疾，互相磨擦碰撞，迸发出千万颗微型粒状水珠，故人们称其为“谷帘泉”，十分形象且生动地概括了这一奇观。

谷帘泉，天下第一泉

皇帝评定的天下第一泉

清乾隆皇帝好茶，对泡茶的水也很有研究，对于泉水的优劣，乾隆有自己独到的品鉴方法，他认为好的泉水不仅要清凉、甘甜、洁净，水的质量还要越轻越好。

清朝乾隆十六年（1751）前后，乾隆皇帝特意命内务府制作了一个银斗，亲自对天下各地的泉水进行称重。经过测量，乾隆发现，济南的珍珠泉，斗重一两二厘；镇江的中泠泉，斗重一两三厘；杭州的虎跑泉，斗重一两四厘；只有北京的玉泉山水，水质最轻，斗重仅有一两。经此量泉评水，评出了京西玉泉山玉泉为天下第一泉。乾隆皇帝御笔写下了《玉泉山天下第一泉记》，还亲笔题写了“天下第一泉”碑，碑文写道：“水味贵甘，水质贵轻，玉泉每斗重一两，他处名泉无此轻者。”刻于石，立于泉旁。此后，乾隆非玉泉山水不饮，出京巡幸在外，也要随身运载玉泉水，以供饮用。

后来，乾隆巡幸江南，莅临趵突泉。品了趵突泉，曰：“古人评水，讲什么‘香、清、甜、活’，其实水之品相，还看其德。譬如泺泉，远有贤舜汲水灌地，教化生民，是为有古贤之德。世间佳泉，水美且有古贤之德，惟趵突泉也。”言毕，乾隆再饮泺水一杯，复言：“此等佳泉，何不常饮？”遂传旨，将随身携带供路上饮用的玉泉水全部换成趵突泉水。

10 茶具

- 记载最早的茶具
- 最早在汉代有茶具
- 最早有“茶”字铭文的贮存器物
- 最早的全套系专用茶具
- 记载最早的盖碗
- 记载最早的紫砂壶
- 最有影响的紫砂壶型

记载最早的茶具

我国最早饮茶的器具为陶制的缶，是一种小口大肚的容器，当时的功能既是茶具，又是酒具、食具。考古发掘则表明，江浙上虞地区出土的一批西汉时期的瓷器，其器型有碗、杯、壶、盏等，被认定为世界上最早的瓷茶具。

中国古籍文献中记载最早的茶具出现在汉代。西汉辞赋家王褒（公元前90年—前51年），字子渊，别号桐柏真人，蜀郡资中（今四川省资阳市雁江区昆仑乡墨池坝村）人。《僮约》有“烹茶尽具，酺已盖藏”之说（译文：烧水煮茶，分杯陈列），明确提到烹茶用的茶具，这是中国最早提到“茶具”的一条史料。

三国魏训诂学家张揖的《广雅》记载：“荆巴间采茶作饼，成以米膏出之，若饮先炙令色赤，捣末置瓷器中，以汤浇覆之，用姜葱芼之……”说明当时的茶具就是瓷器瓷碗。饮茶方式是先把茶饼炙烤一下，捣成茶末后放入瓷碗中，然后冲入开水，喝时还要加些葱、姜等调料。

西晋文学家左思（？—305年）《娇女》有“心为茶荈剧，吹嘘对鼎鑑”这两句诗，明确提到烹茶用的茶具。

古书记载专用饮茶的茶具，最早的是“椀”字（在魏晋南北朝古墓中也发现木质的“椀”）。

唐代饮茶兴盛，“茶具”一词在唐诗里都可见。如，唐代诗人白居易（772—846年）《睡后茶兴忆杨同州诗》：“此处置绳床，旁边洗茶器。”唐代诗人、文学家皮日休（约838年—883年）《褚家林亭诗》有“萧疏桂影移茶具”之语。唐代诗人、农学家陆龟蒙（？—约881年）

《零陵总记》说："客至不限匝数，竞日执持茶器。"

唐代饮茶法，茶具讲究始于陆羽。陆羽《茶经》中提出用二十四茶具：风炉（灰承）、筥、炭挝、火筴（箸）、釜（鍑）、交床、纸囊、碾（拂末）、罗合、则、水方、漉水囊、瓢、竹筴、鹾簋（揭）、熟盂、碗（盏）、畚、札、涤方、滓（渣）方、巾、具列、都篮。

饮茶的兴盛也进一步推动了唐代陶瓷业的发展。陆羽特别推崇越窑青瓷，越窑青瓷在唐代达到了顶峰，出现了青瓷史上登峰造极的作品"秘色瓷"。陆羽认为茶碗"越州上，鼎州次，婺州次。岳州上，寿州、洪州次"，并认为"越州瓷、岳瓷皆青，青则益茶，茶作白红之色；邢州瓷白，茶色红，寿州瓷黄，茶色紫，洪州瓷褐，茶色黑，悉不宜茶"。当然，这只是陆羽个人的观点和看法。当代窑址考古发掘材料证明，除越州窑、鼎州窑、婺州窑、岳州窑、寿州窑、洪州窑之外，北方的邢窑、曲阳窑、巩县窑，南方的景德镇窑、长沙窑在当时也大量生产茶具。

宋代饮茶法，是先将饼茶碾碎，置碗中待用。以釜烧水，微沸初漾时即冲点碗中的茶，同时用茶筅搅动，茶末上浮，形成稠汤。与饮法相适，宋代茶具以茶炉（茶焙笼）、茶臼（茶槌）、茶碾、茶磨、水勺（茶入，瓢杓）、筛子（罗合）、茶帚（茶刷）、盏托、茶碗（茶盏）、汤瓶（水注）、茶筅、茶巾为主，号为"十二先生"。

最早在汉代有茶具

考古发掘表明，早在新石器时代，我国先人们就已经发明了陶器生产，大量使用陶器作为生活用具，其中很多陶器是与饮食有关的用品。陶瓷的发展是由土陶到硬陶再到釉陶，此后由陶又发展到瓷。

我国先人们最初始的饮茶方式是将从茶树上采来的鲜叶，直接盛放在陶罐中加水生煮，此时使用的茶具主要是土陶。在茶成为饮料后，与之相配套的茶具就出现了。早期茶具多为陶制的陶器，这样的土陶也是一具共用的（所谓的共用是指茶具是食具，也是酒具）。韩非子在《十過》中讲到尧的生活是茅草屋、糙米饭、野菜根，饮食器具是土缶。浙江余姚河姆渡出土的黑陶，就是当时食具兼饮具的代表。

1990 年浙江上虞出土了一批东汉时期（25—220 年）的碗、杯、壶、盏等器具，在一个青瓷储茶瓮底座上有“荼”字，考古学家认为这是世界上最早的茶具，所以茶具的出现最早是始于汉代。

东汉时期的茶具有喝茶时用的青瓷钵，煮茶用的陶炉，盛茶汤的铜鍑，存放茶叶的青瓷罐，用于研茶的陶臼以及盛茶汤的罍。

到魏晋南北朝时期，清谈之风渐盛，饮茶也从餐宴中分离出相对独立的茶事，饮茶更多的脱离羹粥、羹菜和茶药的吃饮而出现了喝汤品饮，茶具才从其他生活用具中独立出来。考古资料说明，最早的专用茶具是盏托，如东晋时盏托两端微微向上翘，盘壁由斜直变成内弧，有的内底心下凹，有的有一凸起的圆形托圈，使盏“无所倾斜”同时出现直口深腹假圈足盏。到南朝时，盏托已普遍使用。

唐代是我国陶瓷发展史上的第一个高峰。白瓷出现于北齐，唐代的白瓷可与南方的青瓷相媲美，出现了“北白南青”共繁荣的局面。当然，饮茶的兴盛也进一步推动了唐代陶瓷业的发展。陆羽特别推崇越窑青瓷，越窑青瓷在唐代达到了顶峰，出现了青瓷史上登峰造极的作品“秘色瓷”。

宋代的陶瓷工艺也进入黄金时代，最为著名的有汝、官、哥、定、钧五大名窑。宋代茶具也独具特色。宋代茶除供饮用外，“茶游艺”更成为民间玩耍娱乐之一。嗜茶每相聚，“斗茶品、斗茶令、茶百戏”称“斗茶”。茶具也相应变化，斗茶者为显出茶色的鲜白，对黑釉盏特别喜爱，将建窑出产的兔毫盏视为珍品。

元代，散茶逐渐取代团茶。此时绿茶的制作已经有适当揉捻，不用捣碎碾磨，保存了茶的色、香、味。

明代，茶以叶茶形态得以全面发展，在蒸青绿茶基础上又发明了晒青绿茶及炒青绿茶。这就是“散茶”的丰富多样，也催生了新的饮茶法，即撮泡法。茶具亦因制茶、饮茶方法的改进而发展，出现了一种鼓腹、有管状流和把手或提梁的茶壶。值得一提的是，至明代紫砂壶具应运而生，并一跃成为“茶具之首”。其原因大致是其造型古朴别致，经长年使用光泽如古玉，又能留得茶香，夏季茶汤不易馊，冬季茶汤不易凉。最令人爱不释手的是壶上的字画，最有名的是清嘉庆年间著名的金石家、书画家、清代八大家之一的陈曼生，把我国传统绘画、书法、金石篆刻等艺术相融合于茶具上，创制了“曼生十八式”，成为茶具史上的一段佳话。

清代，我国六大茶类（即绿茶、红茶、白茶、黄茶、乌龙茶及黑茶）和花茶都开始建立各自的地位。宜兴的紫砂壶，景德镇的五彩、珐琅彩及粉彩瓷茶具的烧制迅速发展。清代除沿用茶壶、茶杯外，常使用盖碗，茶具登堂入室，成为一种雅玩，其文化品味得到提升。

最早有“茶”字铭文的贮存器物

精品青瓷罍，东汉末至三国时期的四系印纹青瓷罍，琢刻于器身肩部有一个隶书的“茶”字，与现在的“茶”字几乎一模一样。这是迄今为止发现的最早有“茶”字铭文的贮存器物。

“茶之始，其字为荼”。一般认为“茶”字在唐代中期，尤其是陆羽《茶经》问世之后，才被广泛使用。瓷器用字基本都是当时的通用字，否则工匠们会感到生疏或费解，这些都可以说明至少在三国时“茶”字已经在本地区通用，为“茶”字的起源研究提供了极好的实物佐证，也是“茶”字变迁的一次新的解读。

罍（读作“雷”）是商朝晚期至东周时期大型的盛酒和酿酒器皿，有方形和圆形两种形状，其中方形见于商代晚期，圆形见于商朝和周朝初年。从商到周，罍的形式逐渐由瘦高转为矮粗，繁缛的图案渐少，变得素雅。

东汉末至三国“茶”字青瓷罍，1990 年浙江上虞出土，湖州博物馆藏。

东汉 · 青瓷印纹四系“茶”字罍

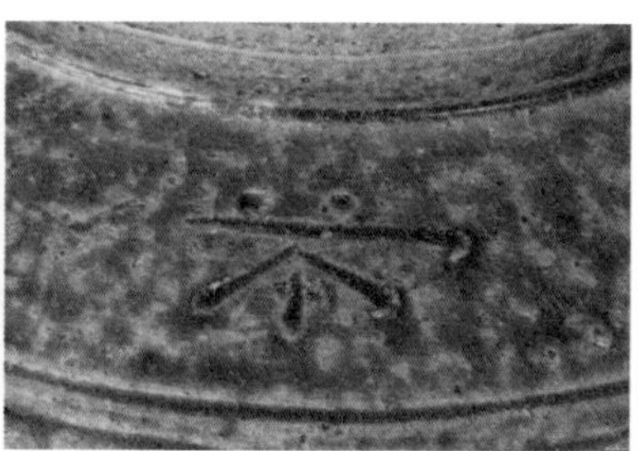

罍面上琢刻的茶字铭

最早的全套系专用茶具

“茶具”一词在汉代已出现，茶具在古代也被称为“茶器”。“茶具”最早出现在西汉，辞赋家王褒《僮约》有“烹茶尽具，餔已盖藏”之说，这是我国最早提到茶具的一条史料。

到唐代，“茶具”一词在唐代茶诗里已是常见。宋元明清“茶具”一词在书籍中也都可以看到。

已发现最早的专用茶具系列出现在唐代。

唐咸通十五年（874 年），唐懿宗归安佛骨于法门寺（今西安扶风法门寺），以数千件皇室奇珍异宝安放地宫以作供养。1981 年，法门寺明

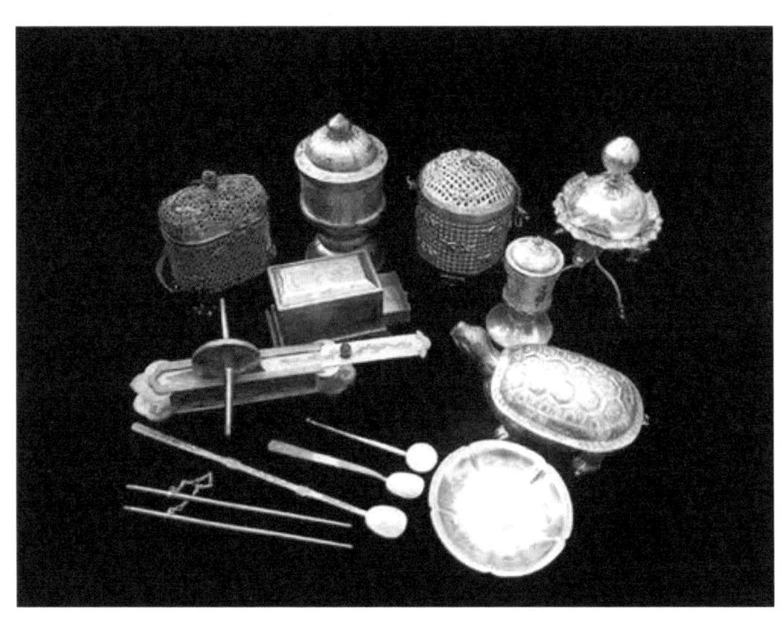

陕西省西安扶风法门寺出土唐代御用鎏金茶具

代真身宝塔半壁坍塌，1987年在修复法门寺时发现唐代地宫。经考古工作者发掘发现，地宫后室供奉着一套几近完整、无损的金银质为主的宫廷御用茶具，十分引人瞩目。这批金银茶具有茶碗、碟、盘、净水瓶共16件，是迄今世界上发现最早、最完善而珍贵的“银金花”茶器（鎏金银器）。

其中以唐代僖宗皇帝小名“五哥”标记的系列茶具最为珍贵，包括：鎏金飞鸿球路纹银笼子、壶门高圈足座银风炉、鎏金壶门座茶碾子、鎏金飞鸿纹银匙、鎏金仙人驾鹤纹壶门座茶罗子、鎏金人物画银坛子、摩羯纹蕾纽三足架银盐台、鎏金伎乐纹调达子、鎏金银龟盒，另有系链银火筋、琉璃茶盏、茶托等。

地宫中供奉皇室使用的秘色瓷茶碗，以及当时被视为珍稀的琉璃（即玻璃）茶碗、茶托一副，是首次发现史上最负盛名的瓷器“秘色瓷”。

这些金、银、瓷、琉璃等材质的高雅茶具，呈现出唐代宫廷精致物质生活中，茶的文化地位和饮茶方式。

记载最早的盖碗

可以说，记载最早的盖碗，是在宋代的《演繁露》里。书中载："托盏始于唐，前世无所有也。崔宁女饮茶，病盏热熨指，取碟子融蜡像盏足大小而环结其中，寘盏于蜡，无所倾侧，因命工髹漆为之。宁喜其为，名之曰托，遂行于世。"《演繁露》记载的托盏，是宋代茶具把盏，相当于是流传至今的盖碗，但茶碗"上"是没有茶盖。

盖碗是指一种上有茶盖、下有茶托（船），中有茶碗的茶具，又称"三才碗""三才杯"，盖为天、托为地、碗为人，暗含天地人和之意。"茶托"又称"茶船"。造型独特，制作精巧。茶碗呈形上大下小，盖可入碗口内，茶船做底承托。喝茶时茶盖不易滑落，有茶船为托又免烫手之苦，且只须端着茶船就可稳定重心，喝茶时又不必揭盖，只需半张半合，茶叶既不入口，茶汤又可徐徐沁出，甚是惬意，避免了壶"堵"杯"吐"之烦。盖碗茶的茶盖放在碗口内，若要茶汤浓些，可用茶盖在水面轻轻刮一刮，使茶碗里的茶水上下翻转，轻刮则淡，重刮则浓，是其妙也。

清康熙年间（1662—1722 年），景德镇开始生产盖碗茶具。当时盖碗中的精品有康熙豆青釉五彩盖碗，稍后的雍正年间（1723—1735 年）有粉彩盖碗。在清雍正年间，盛行使用盖碗，用盖碗泡茶一时成为雍正时期的饮茶风尚。

记载最早的紫砂壶

明代周高起《阳羡茗壶系》“创始”篇载：“金沙寺僧，久而逸其名矣。闻之陶家云，僧闲静有致，习与陶缸瓮者处。抟其细土加以澄炼，捏筑为胎，规而圆之，刳使中空，踵傅口、柄、盖、的，附陶穴烧成，人遂传用。”其说的是金沙寺和尚，从烧造陶缸、陶瓮的陶工那里学习制陶手艺，改进紫砂器具的制作工艺而制成了精致的紫砂茶壶，通常都认为这位金沙寺和尚就是明代的供春，制作了第一把紫砂壶。

而记载最早的紫砂壶在什么时代呢？

在宋代文人的诗词中，有与紫砂有关的模糊记载。梅尧臣诗：“小石冷泉留早味，紫泥新品泛春华。”梅尧臣还有诗云：“雪贮双砂罂，诗琢无玉瑕。”欧阳修也有诗：“喜共紫瓯吟且酌，羡君潇洒有余情。”“紫泥”“砂罂”“紫瓯”，就是说有文字记载，在宋代的（1023—1063 年）宜兴丁山已出现紫砂茶具。

1967 年，发掘蠡墅羊角山古窑址，其中有出土的乱砖与北宋小墓砖相似，并且有出土紫砂残器。但是其具有明显的明代紫砂器特点。

紫砂器是先于紫砂壶出现的，紫砂器真正以紫砂壶的完整形象出现，始于明代中晚期的明武宗正德年间，这是目前学界普遍的观点，并且有详细的古籍记载，如明末周高起的《阳羡茗壶系》、吴骞的《阳羡名陶录》等。

1965 年江苏省南京市马家山明嘉靖司礼太监吴经墓出土一把紫砂提梁壶（柿蒂纹提梁壶）。同时出土有各类陶瓷罐、瓶、炉、碟、盅及二百余件陶俑。此壶是我国到目前为止有绝对纪年可考最早的一件紫砂壶器。现为南京博物院（南京博物馆）藏。

最有影响的紫砂壶型

最有影响的紫砂壶型系列是“曼生十八式”（曼生壶）由陈鸿寿设计。

陈鸿寿，字子恭，号曼生，浙江钱塘人，是清代著名的篆刻家、书画家和紫砂壶设计家。陈鸿寿以其独特的审美能力和艺术修养，设计完成了众多壶式，交由杨彭年兄妹成型，而后，再加上陈鸿寿自己的题铭。由于陈鸿寿最喜欢的号是曼生，所以人们把陈鸿寿参与设计的壶叫“曼生壶”。“曼生壶”最主要的特点是去除繁琐的装饰和陈旧的样式，务求简洁明快。其次是壶身大量留白，上面刻铭文诗句。一般来说，“曼生壶”在样式上都有不同的题铭，称“曼生十八式”。

曼生十八式即陈曼生创作的十八种款式紫砂壶。传世“曼生壶”，无论是诗、文，或是金石、砖瓦文字，都是写刻在壶的腹部或肩部，而且满肩、满腹，占据空间较大，非常显眼，再加上署款“曼生”“曼生铭”“阿曼陀室”，或“曼生为七芗题”，等等，都是刻在壶身最为引人注目的位置，格外突出。具体如下：

石瓢，壶铭：不肥而坚，是以永年。

提梁，壶铭：煮白石，泛绿云，一瓢细酌邀桐君。

笠荫，壶铭：笠荫暍，茶去渴，是二是一，我佛无说。

葫芦，壶铭：为惠施，为张苍，取满腹，无湖江。亦有壶铭：五石无用，合世则重。亦还有壶铭：作葫芦画，悦亲戚之情话。

合欢，壶铭：八饼头纲，为鸾为凤，得雌者昌。亦有壶铭：试阳羡茶，煮合江水，坡仙之徒，皆大欢喜。亦还有壶铭：蠲忿去渴，眉寿无割。

匏瓜，壶铭：饮之吉，匏瓜无匹。

井栏，壶铭：汲井匪深，挈瓶匪小，式饮庶几，永以为好。亦有壶铭：栏井养不穷，是以知汲古之功。

汉瓦，壶铭：放下屠刀否，心莲顷刻开，三千今世界，开眼见如来。亦有壶铭：鉴取水，瓦承泽；泉源源，润无声。

汲直，壶铭：苦而旨，直其体，公孙丞相甘如醴。

乳鼎（乳钉），壶铭：水味甘，茶味苦，养生方，胜钟乳。亦有壶铭：乳泉霏雪，沁我吟颊。

周盘，壶铭：吾爱吾鼎，强食强饮。

柱础，壶铭：茶鼓声，春烟隔，梅子雨，润础石，涤烦襟，乳花碧。

石铫，壶铭：铫之制，抟之工，自我作，非周穜。

镜瓦，壶铭：涤我酒脾，润我诗肠。亦有壶铭：日之光，泉之香，仙之人，乐未央。

钿合，壶铭：钿合丁宁，改注茶经。

半瓢，壶铭：宜春日，强饮吉。曼公督造茗壶，第四千六百十四为麐泉清玩。

合斗，壶铭：北斗高，南斗下，银河泻，阑干挂。

却月，壶铭：月盈则亏，置之座隅，以我为规。

11 茶诗词赋

- 最早的完整茶赋
- 最早的完整茶诗
- 最早的以茶入诗
- 最早咏诵茶园的诗
- 最早的英文茶诗

最早的完整茶赋

在中国现存的古代文学作品中，西晋杜育的《荈赋》（写作时间约在公元 313 年前），是古代茶文学开山之作，是最早的茶赋，是第一部专门歌咏茶叶的文学作品。《荈赋》全文只有 94 字，以音韵和谐、抑扬顿挫的四六骈文，第一次全面而真实地叙述了中国历史上有关茶树种植、培育、采摘、器具、冲泡等茶事活动，其学术价值超过了它的文学价值，是研究茶文化的珍贵资料。《荈赋》全文：

> 灵山惟岳，奇产所钟。瞻彼卷阿，实曰夕阳。厥生荈草，弥谷被岗。承丰壤之滋润，受甘霖之霄降。月惟初秋，农功少休，结偶同旅，是采是求。水则岷方之注，挹彼清流。器择陶简，出自东隅；酌之以匏，取式公刘。惟兹初成，沫成华浮，焕如积雪，晔若春敷。若乃淳染真辰，色绩青霜，白黄若虚。调神和内，倦解慵除。（《艺文类聚》卷 82。杜育是西晋末年人，先后任汝南太守、右将军、国子监祭酒。）

《荈赋》歌咏在一个初秋晴朗的农闲之日，三五结伴同游的文人雅士，携带茶器茶具，在茶山上采制香茗，到岷江中汲取清泉水，煮茶品饮的生动情景和优美意境。

赋文开头便描述了茶树的生长环境：高耸入云的灵山，是“物华天宝”的钟情之地；看那山麓西侧的卷耳岭，茶树生长在长年云雾缭绕，日月钟情的地方。接着便写茶的种植环境：漫山遍野的茶树，享受着肥沃土壤的滋润，晚上雾露茶树，清新鲜嫩。初秋时节，农事稍闲，可以邀诸友，结伴来到这样美丽的灵山采茶制茶。而对于烹茶用水和品饮的茶器，则大有讲究。择水取流经岷江之地的清澈山泉，择器则选东瓯越州的精致陶器。品茶方式则效仿先贤公刘之法（公刘是古代周族首领，传为后稷的曾孙，夏代末年率周族迁居到豳——今陕西彬县一带安定居住）。“酌之以匏，取式公刘”之意，引自《诗经·大雅·公刘》，盛茶用具是用葫芦剖开做的。待茶煮好，茶汤呈现一种积雪般的耀眼，犹如春天般的草木亮丽灿烂。

宋代诗人苏东坡曾赞美杜育《荈赋》的首创之功：“赋咏谁最先，厥传惟杜育。唐人未知好，论著始于陆。”其认为杜育之功大于陆羽。宋代文人吴淑也有言赞美：“清文既传于杜育，精思亦闻于陆羽。”

杜育写《荈赋》，也是第一位写使用陶瓷茶器饮茶的作者。

而最早提及茶的辞赋，是公元前53—前18年杨雄的《蜀都赋》载有：“百华投春，隆隐芬芳，蔓茗荧翠，藻芯青黄。”

最早的完整茶诗

中国古代第一首完整意义上的茶诗，是西晋左思所作的《娇女诗》，其中“止为茶荈剧，吹嘘对鼎䥶”等诗句，描绘了北方官宦人家饮茶的情景。

丁福保，1874—1952 年，近代藏书家、书目专家、翻译家、医学家，根据《太平御览》改为“心为茶荈剧”。按《太平御览》作“茶荈”，可能即“荼菽”之别写。荼：苦菜。菽：豆类。这两种东西大概是古人所煮食的饮料。剧：急速。鼎：三足两耳烹饪之器。䥶：即鬲，空足的鼎，也是烹饪器，“鼎鬲”烹饪器具，“鼎”用来煮，“鬲”用来蒸。

“心为茶荈剧，吹嘘对鼎䥶”这两句诗，是说这两娇女，她们心中因煎汤不熟而着急，为使汤快滚，对着空足的鼎锅下面架烧的柴火，吹气给风助燃，希望“茶舛”汤能急速“腾波鼓浪”。

左思（？—305 年），字大冲，齐国临淄人。西晋文学家，晋武帝时，曾在朝中任秘书郎。他用十年时间写成的《三都赋》，被时人争相传诵。他的作诗水平远高于同期的诗人。诗中常有讽谕，意气豪迈，语言简劲有力，绝少雕琢。

在《娇女诗》这首诗中，左思以一种半嗔半喜的口吻，叙述了女孩子们的种种情感，准确形象地勾画出她们娇憨活泼的性格，字里行间闪烁着慈父忍俊不禁的笑意，笔墨间流露着家庭生活特有的情趣。谭元春（1586—1637 年，明代文学家）评论这首诗说：“字字是女，字字是娇女，尽情尽理尽态。”

诗人善于抓住人物的心理特征，通过描写女儿模仿大人对镜、握笔、执书、纺绩……等日常行止来表现那股娇憨、顽皮活泼之气。如小女儿“明朝弄梳台，黛眉类扫迹。浓朱衍丹唇，黄吻烂漫赤”；大女儿“轻妆喜楼边，临镜忘纺绩”，都很成功地写出了女儿家特有的爱美心理。又如小女儿“诵习矜所获”，大女儿“顾眄屏风画，如见已指摘”，也把小孩子自以为是的神态写得活灵活现。再如诗中写她们园中摘生果、风雨中戏耍；一听到大街上有钲缶声就拖着鞋往外跑；对着烹茶的鼎吹火，弄得满身烟灰，把衣衫弄得一塌糊涂，由这件最让大人恼火的事引出“当与杖”的别致结局，层次分明，结构巧妙。诗歌笔调幽默诙诺，语言通俗，时杂俚语，根有风趣，一段矜惜怜爱之情见于诗言外，十分感人。

娇女诗

（西晋）左思

吾家有娇女，皎皎颇白皙。

小字为纨素，口齿自清历。

鬓发覆广额，双耳似连璧。

明朝弄梳台，黛眉类扫迹。

浓朱衍丹唇，黄吻烂漫赤。

娇语若连琐，忿速乃明集。

握笔利彤管，篆刻未期益。

执书爱绨素，诵习矜所获。

其姊字惠芳，面目粲如画。

轻妆喜楼边，临镜忘纺绩。

举觯拟京兆，立的成复易。

玩弄眉颊间，剧兼机杼役。

从容好赵舞，延袖象飞翮。

上下弦柱际，文史辄卷襞。

顾眄屏风书，如见已指摘。
丹青日尘暗，明义为隐赜。
驰骛翔园林，果下皆生摘。
红葩缀紫蒂，萍实骤柢掷。
贪华风雨中，眒忽数百适。
务蹑霜雪戏，重綦常累积。
并心注肴馔，端坐理盘鬲。
翰墨戢闲案，相与数离逖。
动为垆钲屈，屐履任之适。
心为茶荈据，吹嘘对鼎䥶。
脂腻漫白袖，烟熏染阿锡。
衣被皆重地，难与沉水碧。
任其孺子意，羞受长者责。
瞥闻当与杖，掩泪俱向壁。

最早的以茶入诗

最早的以茶入诗，是西晋张载《登成都楼诗》。

张载是西晋时期著名文学家，是西晋太康年间“三张二陆两潘一左”之一。其诗虽现存不多，但在当时颇负盛名。

张载这首诗 32 句，《茶经》里引用其中后半部 16 句。陆羽之所以在《茶经》里引用这首诗，正是由于此诗后半部里有“芳茶冠六清，溢味播九区”的咏茶名句。它充分地说明：在西晋时蜀茶已是闻名遐迩，且早已通过陆路和水运销往各口岸、内地及边远地区。

此为以茶入诗的最早篇章之一。该诗描述白菟楼的雄伟气势以及成都的商业繁荣、物产富饶、文人辈出的景象，其中除赞美秋橘春鱼、果品佳肴外，还特别炫耀了四川香茶。诗人认为茶为广泛喜爱的饮料。

重城结曲阿，飞宇起层楼。

累栋出云表，峣蘖临太墟。

高轩启朱扉，回望畅八隅。

西瞻岷山岭，嵯峨似荆巫。

蹲鸱蔽地生，原隰殖嘉蔬。

虽遇尧汤世，民食恒有余。

郁郁少城中，岌岌百姓居。

街术纷绮错，高甍夹长衢。

借问扬子舍，想见长卿庐。

程卓累千金，骄侈拟王侯。

门有连骑客，翠带腰吴钩。

鼎食随时进，百和妙且殊。

披林采秋橘，临江钓春鱼。

黑子过龙醢，果馔逾蟹蝑。

芳茶冠六清，溢味播九区。

人生苟安乐，兹土聊可娱。

最早咏诵茶园的诗

最早咏诵茶园的诗是唐代韦应物（737—792 年）的《喜园中茶生》和韦处厚（773—828 年）的《茶岭》。

在中国文学史上，唐以诗称冠。仅《全唐诗》不完全统计，唐代涉及茶事的诗作就有 600 余首，诗人达 150 余人。然而，在众多的吟茶诗中，唯以韦氏二姓（韦应物、韦处厚）的茶园、茶山诗最为有名。韦应物《喜园中茶生》诗："洁性不可污，为饮涤尘烦。此物信灵味，本自出山原。聊因理郡馀，率尔植荒园。喜随众草长，得与幽人言。"

在《全唐诗》中，较早的茶园、茶山诗仅韦应物一首，而更多的茶园诗是从韦处厚开始。自韦处厚《盛山十二景诗》产生轰动效应后，张籍、白居易、元稹、李景俭、严武、温造等应和者众。《盛山十二诗 · 茶岭》及其和诗甚多，韦处厚的《茶岭》奠定了在中国茶园文化中的地位，《茶岭》被誉为中国茶园文化的"鼻祖"。

盛山十二诗 · 茶岭

（唐）韦处厚

顾渚吴商绝，

蒙山蜀信稀。

千丛因此始，

含露紫英肥。

最早的英文茶诗

1662 年，第一首英文茶诗诞生在英国，英文茶诗《论茶》的作者埃德蒙·沃勒是一位皇家诗人、演说家和政治家。他首创英文茶诗还延伸出了西方的一句俗语：“正如英国众所周知莎士比亚命名了火鸡，而沃勒是第一个提到茶叶的古典作家。”

《论茶》这首诗集咏茶、祝寿和宣传为一体，抒发对茶叶的情感和赞美，奉上对皇后的歌颂、祝福。诗文译成中文如下：

论 茶

月桂象征日神，桃金娘是爱神；

非月桂和金娘，吾后却赞茶神。

一为众后最美，一为众草最佳。

这一切都归功于那个勇敢国家，

那里，国泰民安，太阳冉冉升起。

那里，物产丰富，为我们之珍惜。

茶——缪斯之友，恰好满足我们所期待。

挥去脑海之昏沉无奈，

送来心灵之宁静天堂，

借此恭祝皇后荣寿安祥。

12 茶画

- 最早有煮茶内容的画
- 最早有仕女奉茶内容的画
- 最早的茶事系列画像砖
- 最早的茶壁画
- 日本最早的茶画
- 英国最早的茶画

最早有煮茶内容的画

中国茶画的出现大约在盛唐时期。陆羽作《茶经》最后一章叫《十之图》，从内容看，是表现茶的烹制过程，以便人们对茶有更多了解，但这些图画没有传世至今。

唐代阎立本《萧翼赚兰亭图》，是最早的有煮茶内容的茶画，原本已佚。现存三本宋代摹本，北宋摹本藏于辽宁省博物馆，南宋摹本藏于中国台北故宫博物院，还有一本宋代摹本藏于北京故宫博物院。

图画的的场景，左侧两僧一儒，一边在谈佛论经，一边在等待香茶奉上。老僧面目清癯，手持拂尘，坐于禅榻藤椅上前倾其身，正侃侃而谈。萧翼恭恭敬敬袖手躬身坐于长方凳上，正凝神倾听。一侍僧立于两者间，神态惟妙惟肖。画面左下角一老一少两个侍者正在煮茶调茗，老者手执茶夹正搅动茶釜中刚刚放下的茶末，精心调制，一旁童子正弯腰捧碗以待。此画人物形象生动，场景布局精道，笔墨高古，充满浓重的寺院氛围。这是极为典型的唐代寺院茶事礼仪图，是唐人茶事的传神写照。

萧翼赚兰亭图（唐）

最早有仕女奉茶内容的画

最早的有仕女奉茶内容的画，是唐代周昉的《调琴啜茗图》(听琴图)。《调琴啜茗图》以工笔重彩描绘园林中贵妇品茗听琴的优雅情调。画面上桃花灼灼，春天的大自然里，唐代女子们听琴品茗雅集，生动活现。三位贵族妇女为主角的五位女性，一位贵妇坐在桃树旁的磐石上操琴；她的右侧立着一位奉完茶的侍女，手还奉托着漆盘。另一位贵妇坐在圆凳上，面向着弹琴女，一边啜茗，一边沉浸在那琴乐雅音中。第三位贵妇坐在高椅凳上，欲言又止，自在回想茶和乐的韵味；她的左侧站立的侍女，为这贵妇人捧着茶碗，注视着主人。

画中人物，曲眉润肌、雅艳明丽，体态丰腴华贵，反映了唐代的审美观；画中，人物神念娴静端庄，有坐有立，人物景致疏密得体，富有变化和交融，轻松舒展出唐代贵族妇女悠闲自得的生活情景。画家把品茶与听琴这不同的雅生活内容集于同一画面，生动表明了茶饮在当时的文化娱乐生活中，已经有相当重要的位置。

周昉（约 745—804 年），又名景玄，字仲朗，唐代著名画家，善画仕女、肖像和佛像。

唐周昉《调琴啜茗图》（听琴图）收藏于中国台北故宫博物院。

调琴啜茗图（唐）

最早的茶事系列画像砖

已发现最早的茶事系列画像砖出土于宋代墓中。这一组系列两块宋代砖雕珍品，现藏中国历史博物馆。砖为青白色，质地细腻，坚硬如石。中国国家博物馆藏有 4 块北宋画像砖，原为定海方若旧藏，传河南偃师酒流沟出土。王国维原鉴定为六朝以前文物，但后根据服饰等特征，以为不早于唐、五代，断为北宋。在 4 块画像砖中，有 2 块是表现饮茶生活的。

一块是北宋妇女涤茶器雕砖，纵 39 厘米，横 16 厘米，厚 1.9 厘米。涤茶器雕砖，表现一位妇女立于套有桌围的长桌前清拭茶具的场景。桌上放置有带荷叶盖的罐子、茶匙、茶托与茶盏。

一块是北宋妇女烹茶雕砖，纵 35.2 厘米、横 16.2 厘米、厚 2.2 厘米。烹茶雕砖，表现一位妇女在方炉前煮汤烹茶的场景，这位高髻妇女，穿宽领短上衣、长裙，系长带花穗，正俯身注视面前的长方火炉，左手下垂，右手执火箸夹拨炉中火炭。炉上有一长柄带盖执壶，并置汤瓶，此妇女正执火箸拨动炉中的炭火，以便等水沸后点茶。这块砖应该与涤器雕砖的情节前后连续，表现的都是烹茶活动的先后步骤。

宋代茶画砖

最早的茶壁画

考古发现最早的有茶内容的壁画出现在元代。最早的时间是 1093 年在今河北宣化的辽代张文藻墓壁画《童嬉图》。《童嬉图》纵 170 厘米，横 145 厘米。 画面右前方有船形茶碾一只，茶碾后有一黑皮朱里圆形漆盘，盘内置曲柄锯子、毛刷和茶盒，之后是正在茶炉上煮水的汤瓶；桌上有茶盏，还有保温中的汤瓶；长者正在忙茶事，4 位孩童嬉戏而观。该壁画真切地反映了辽代晚期的点茶用具和方式。

（辽）张文藻墓壁画童嬉图

日本最早的茶画

日本直接以茶为题材的绘画首推描绘历史上“茶旅行”的手卷。这份手卷共有 12 景，生动地再现了 17—18 世纪初叶，从宇治首次远送新造贡茶到东京的情景。“茶旅行”行列每经一城邑，都有盛大的欢迎场面，对推动日本饮茶风习起到了重要作用。《茶叶全书》作者乌克斯在游历日本时，日本中央茶业协会赠与稀有而贵重的手卷一轴，图中展现的是历史上的《茶旅行》图，是描绘日本历史上每年从宇治运送新茶到东京进贡的 12 个场景。

英国最早的茶画

英国最早在1729年出现茶画。英国最早期的著名茶画有：

1729年，乔治·克鲁克香克的画作《一杯好茶》。这一木刻板画，表现朋友间小斟轻啜的惬意情形。

1730年，路易斯·菲力浦波埃塔德的画作《茶会》。这幅油画人物众多，共有18个人物，刻画生动，笔触细腻，色彩鲜艳，写实真切地再现了当时茶会的盛况。

1730年，查尔斯·菲利普的画作《圣詹姆斯主哈林顿之家的茶会》，是一幅布面油画。

13 茶书法印章

• 最早的“茶”字印章
• 最早的茶诗意闲章
• 最早的茶书法和最早记述茶事的佛门手札
• 最有名的茶花国画

最早的“茶”字印章

“荼陵”官印的印鉴图

从中国长沙马王堆汉墓出土的白文滑石汉印“荼陵”官印，是已发现最早的“荼”字印章，也是第一方明确与茶叶产地有关的印章。茶陵这地方是先民早期开发、利用茶树的地区之一，秦汉时期这里更是出名的茶乡。长沙马王堆汉墓中的随葬品之一的“槚”（茶）即为茶陵县产。

明代大鉴赏家项元卞（1525—1590 年）钤于元代画家王蒙（1308—1385 年）的《太白图卷》（辽宁博物馆藏）一方“煮茶亭长”朱文长方印章，是最早的“茶”字闲印章。项元卞的这枚四字闲印，与其别号印“惠泉山樵”朱文长方印“癖茶居士”的白文方印一起，展现了项元卞对书画收藏的喜爱，记录了其常在山间小亭中煮茶听泉消度时光的情景。

“茶魔诗史”白文方印，见于明代篆刻家常州人程大年的《程大年印谱》中，此印仿秦字格白文印，但在印文、布排等方面有仿效明代安徽篆刻家苏宣之意。笔画两端略细田，横画两头上翘，为了打破界格平整、规矩的结体，四字以一大一小、一小一大参差布局，使其字体结构协调，朱白相间合理，整体秀美而不疏散，庄重而不死板，是一枚集古拙与妍丽于一体的篆刻艺术佳作。

最早的茶诗意闲章

最早的茶诗意闲章是明代印文中“香乳”一词。

明代画家文伯仁（1502—1575年），字德承，号五峰、葆生、摄山老农，江苏苏州人，是文征明的侄子。文伯仁的《金陵十八景册》传世后，曾经乾隆皇帝过目审定。册中印文“香乳”一词指的是香茶。安徽省怀远县城南郊有一泉水甘白如乳，故名“白乳泉”。用此泉水烹茶醇香可口，苏东坡曾将此泉誉为天下第七名泉。“一瓯香乳听调琴”印文与唐代周昉作的《调琴啜茗图》之画名有异曲同工之妙，只是明清文人品茶听琴的意蕴与唐代宫廷后妃们品茶消食听琴的闲适生活有别。前者为听音外之音，后者为听音、品茶、弄琴。听音历来是文人雅趣之一。

乾隆另有一枚“含英咀华”朱文方印，钤于宋画家马和之《召南八篇图卷》。马和之，钱塘人，官至工部侍郎，人物、山水、花鸟画无所不能。据记载，宋高宗赵构特别看重他的画，乾隆帝对宋代名家所作当然也视如珍宝。此印文出自唐代文学家韩愈的《进学解》中“沈浸酽郁，含英咀华”。乾隆的这方闲印不仅表达了对大文豪韩愈的仰慕之情，且显示出他是一位深谙茶事、茗品的茶道中人。此印文字线条粗细大略一致，刀痕流畅，线条造型巧妙，独具匠心。

最早的茶书法和最早记述茶事的佛门手札

唐代怀素的《苦笋帖》是现存最早的记述茶事的佛门手札和最早的涉茶书法。

怀素（725—785年），唐代名僧，法名藏真，俗姓钱。该帖内容：苦笋及茗异常佳，乃可径来。怀素上，被称为《苦笋帖》。《苦笋帖》书法笔势俊健，穷极变化，行笔迅稳，一气呵成，其字忽大忽小，其笔忽轻忽重，其笔意忽断忽连，豪放中透出清秀之气，在线条柔美飞动跳跃之中，又忽出力可扛鼎之笔，清逸多于狂诡，连绵的笔墨之中颇有几分古雅淡泊的茶禅意境。

这一书法佳作，也得益于怀素与陆羽的交往。怀素与茶圣陆羽为同

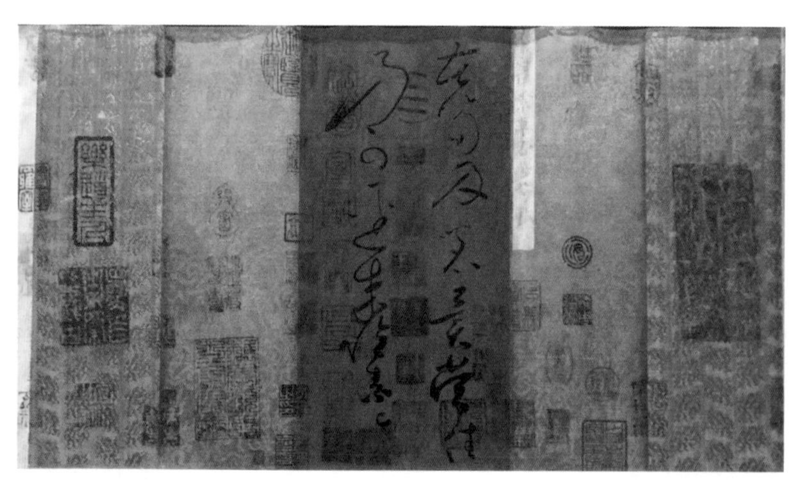

唐代怀素《苦笋帖》

时代人，年长陆羽八岁。德贞元三年（787 年），陆羽的旧识裴胄出任潭州刺史兼湖南观察史。陆羽应邀来到潭州，在这里与怀素相识，并结为好友。

陆羽对茶学的钻研和探求，深刻影响了怀素，使怀素对茶的酷爱达到新的境界。怀素特别喜欢吃茗和苦笋，怀素的《苦笋帖》是向人乞茶的茶帖手札，《苦笋帖》寥寥十四个字，笔墨飞舞，神采飞扬，展示出作者奇特的艺术风采和魅力。《苦笋帖》现藏上海博物馆，是一件极其宝贵的艺术珍品，同时也是中国书林茶界之瑰宝。

最有名的茶花国画

最有名的茶花图画，出自齐白石老人。

近现代中国绘画大师，世界文化名人齐白石（1864—1957 年），绘画风格富有乡土气息，纯朴的农民意识和天真浪漫的童心，又有诗意。他的家乡湖南长沙盛产茶叶，茶花烂漫。他意中的茶花，可比肩梅花。他画《茶花》，那热烈明快的色彩，墨与色的强烈对比，浑朴稚拙的造型和笔法，工与写的极端合成，平正见奇的构成，这独特的艺术语言和视觉形状，是茶花的生命，也是齐白石艺术的外在生命，历历鲜活。

《茶花》齐白石，绘于 20 世纪 50 年代

14 茶游艺

- 历史上最早的茶游艺遗作
- 记载最早的“斗茶”
- 宋代最有影响的茶游艺

历史上最早的茶游艺遗作

以茶为内容的续诗“接龙”形式，三五诗友促膝围坐，围绕一个茶的题材联唱续成茶诗，谁续不上诗谁就当场受罚。该形式开始于唐代，由茶宴基础孳滋派生。这是历史上有记载的最早的茶游艺形式。

唐代颜真卿（著名书法家、开元进士、官至吏部尚书、太子太师）为首的“湖州文人群”（在唐大历年间，规模是最大的，成员多达41人），长期活跃在风景秀美的江南湖州，共同参与编修一部集典故、辞藻、按韵编排的鸿篇巨制《韵海镜源》，相互切磋学问，闲暇之余则品茗交游，“沙龙式”地创作联句来唱和把玩，怡情悦性。他们常常雅集在湖州古城西南的杼山一带，以联句来游戏消遣，如《五言月夜啜茶联句》《五言夜宴咏灯联句》《五言玩初月重游联句》《登岘山观李左相石尊联句》等；送别赠答的联句，如《送耿湋拾遗联句》《五言重送横飞联句》等；诙谐滑稽的联句，如七言的大言、小言、醉语、滑语、乐语、唤语联句等；充满趣味的联句，如《七言重联句》《一字至九字联句》等，就是这一种茶游艺活动的流传。

最负盛名的《五言月夜啜茶联句》，整首联句，由七句诗组成，虽题为啜茶，句中却只字未提“茶”字，但浸透着唐朝夜空上那皎洁的月光和那流淌在茗盏中的茶香与诗意，映照了六位文人在月下啜茗吟诗的生活剪影。他们是“群主”颜真卿、陆士修（嘉兴县尉）、张荐（工文辞，任吏官修撰）、李萼（官居庐州刺史）、崔万（即崔石，在唐德宗贞元初年任湖州刺史）、皎然（名昼，著名的诗僧）。

他们在这次品茗行令中，创作出了这首脍炙人口的五言联句茶诗。诗曰：

泛花邀坐客，代饮引情言。（陆士修）

醒酒宜华席，留僧想独园。（张荐）

不须攀月桂，何假树庭萱。（李萼）

御史秋风劲，尚书北斗尊。（崔万）

流华净肌骨，疏瀹涤心原。（颜真卿）

不似春醪醉，何辞绿菽繁。（皎然）

素瓷传静夜，芳气满闲轩。（陆士修）

这首啜茶联句诗，别出心裁地引用了诸如“泛花”“代饮”“醒酒”“月桂”“流华”“疏瀹”“不似春醪”“素瓷”“芳气”一系列与啜茶有关的代用词。至于“御史秋风劲，尚书北斗尊”两句，更是赞美颜真卿这位尚书大臣，当为众望所归，使行茶令联句作诗的结果，加强了宾主间的融洽气氛，提高了饮茶的品饮、品学和品位。

啜茶创作联句，不仅仅是当时一种“以文为戏”的娱乐活动，还是清雅淡然、淳朴自然的文化精神的写照。虽然它与那典雅端庄的唐诗不可相提并论，但它孽滋了宋代充满着风雅与睿智的茶游艺“茶令”。

记载最早的“斗茶”

最早见到的“斗茶”记载，是在唐代的古籍陶宗仪《记郛》卷三八录曹邺的《梅妃传》。

《梅妃传》记述了唐玄宗和梅妃、王侯在宫中斗茶的情景。

《梅妃传》有：“后上与妃斗茶，顾诸王戏曰：‘此梅精也。吹白玉笛，作《惊鸿舞》，一座光辉。斗茶今又胜我矣。’妃应声曰：‘草木之戏，误胜陛下。设使调和四海，烹饪鼎鼐，万乘自有宪法，贱妾何能较胜负也。’上大喜。”

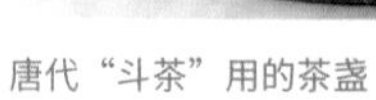

唐代“斗茶”用的茶盏

宋代最有影响的茶游艺

斗茶源于唐，而盛于宋。它是在茶宴基础上发展而来的一种茶游艺。据宋、明人写的笔记记述，斗茶内容大致包括有三项：斗茶品、斗茶令、茶百戏。宋徽宗赵佶撰《大观茶论》、蔡襄撰《茶录》、黄儒撰《品茶要录》，一些文人雅士更流行斗茶的生活情趣，推动了宋代斗茶之风极盛。

最早有文献记载，斗茶起源于唐代建州。在《云仙杂记》（又名《云仙散录》，旧署后唐冯贽编，是五代时一部记录异闻的古小说集）的《记事珠》中有记载："建人谓斗茶为茗战"，在唐代被人们称为"茗战"。

宋代斗茶之初乃是"二三人聚集一起，煮水烹茶，对斗品论长道短，决出品次（见宋人唐庚《斗茶记》）。"随着斗茶之风遍及朝野，尤其是文人更为嗜好，斗茶由论水道茶演变出了新的形式和内容。每逢清明，新茶初出，古人斗茶，或十几人，或五六人，大都为一些名流雅士，还有店铺的老板，街坊亦争相围观，像现代看一场球赛一样热闹。斗茶的场所，多选在有规模的茶叶店，前后二进，前厅阔大，为店面，后厅狭小，兼有小厨房，便于煮茶。有些人家，有较雅洁的内室，或花木扶疏的庭院，或临水，或清幽，都是斗茶的好场所。斗茶者各取所藏好茶，轮流烹煮，相互品评，以分高下。古代茶叶大都做成茶饼，再碾成粉末，饮用时连茶粉带茶水一起喝下。斗茶，或多人共斗，或两人捉对"厮杀"，三斗二胜。

1. 斗茶，斗茶品

斗茶品，以茶"新"为贵，斗茶用水以"活"为上。一斗汤色，二斗水痕。首先看茶汤色泽是否鲜白，纯白者为胜，青白、灰白、黄白为负。汤色能反映茶的采制技艺，茶汤纯白，表明所采茶叶肥嫩，制作恰到好处；色偏青，说明蒸茶火候不足；色泛灰，说明蒸茶火候已过；色泛黄，说明采制不及时；色泛红，说明烘焙过了火候。其次看汤花持续时间长短。宋代主要饮用团饼茶，调制时先将茶饼烤炙碾细，然后烧水煎煮。如果研碾细腻，点茶、点汤、击拂都恰到好处，汤花就匀细，可以紧咬盏沿，久聚不散，这种最佳效果名曰“咬盏”。点茶、点汤，指茶、汤的调制，即茶汤煎煮沏泡技艺。点汤的同时，用茶筅旋转击打和拂动茶盏中的茶汤，使之泛起汤花，称为击拂。反之，若汤花不能咬盏，而是很快散开，汤与盏相接的地方立即露出“水痕”，这就输定了。水痕出现的早晚，是茶汤优劣的依据。斗茶以水痕晚出为胜，早出为负。

有时茶质虽略次于对方，但用水得当，也能取胜。所以斗茶需要了解茶性、水质及煎后效果，不能盲目而行。

2. 斗茶，斗茶令

斗茶令，即古人在斗茶时行茶令。行茶令所举故事及吟诗作赋，皆与茶有关。茶令如同酒令，用以助兴增趣。茶令，也是茶会时的游戏，最早出现在宋代，可追溯到唐代，它是宋代兴盛斗茶的产物。由一人作令官，令在座者如令行事，失误者受罚。茶令作为一种饮茶时助兴的游戏，最知名的推动者当属婉约派词人李清照。李清照与赵明诚夫妇经常以诗词唱和，在“酒阑更喜团茶苦”的生活中，李清照更是喜欢饮茶行令。她在《金石录后序》中具体描述了这种生活：“余性偶强记，每饭罢，坐归来堂，烹茶，指堆积书史，言某事在某书、某卷、第几页、第几行，以中否角胜负，为饮茶先后，中即举杯大笑，至茶倾覆杯中，反不得饮而起……”这个关于茶令的典故，因为被纳兰容若在《浣溪沙》一词中以“赌书消得泼茶香”之句记录下来而广为流传。

南宋时期，还有一个茶令迷，他就是南宋龙图阁学士王十朋。他在

《万季梁和诗留别再用前韵》中写道“搜我肺肠茶著令”，并自注曰“余归与诸子讲茶令，每会茶，指一物为题，各举故事，不通者罚。”

3．斗茶，茶百戏

茶百戏这种茶游艺，大约始于北宋初年。北宋陶谷《荈茗录》中已经说到了“茶百戏”游艺。他说：“茶至唐始盛，近世有下汤运匕，别施妙诀，使汤纹水脉成物象者。禽兽虫鱼花草之属，纤巧如画，但须臾即散灭。此茶之变也，时人谓茶百戏。”陶谷所述茶百戏便是后来的分茶，玩法是一样的，玩时“碾茶为末，注之以汤，以筅击拂”，此时，盏面上的汤纹水脉会幻变出种种图样，若出水云雾，状花鸟虫鱼，恰如一幅幅水墨图画，故也有称为水丹青的。据说，当时有个佛门弟子叫福全，此人精于分茶，有通神之艺，能注汤幻茶成一句诗，若同时点四瓯，可幻成一绝句，至于变幻一些花草鱼虫之类，垂手可得。因此常有施主上门求观，福全颇有点自负，曾自咏：“生成盏里水丹青，巧尽工夫学不成。却笑当时陆鸿渐，煎茶赢得好名声。”

茶百戏，展现将煮好的茶注入茶碗中的技巧。诗人杨万里曰：“分茶何似煎茶好，煎茶不似分茶巧。”

茶百戏是斗茶中最为高深的茶游艺，在宋代流行的范围比较窄，一般只流传于宫廷和士大夫阶层。有人把茶百戏与琴、棋、书、画并列，是士大夫喜爱与崇尚的一种文化活动。分茶时能瞬间使汤花显示出各种瑰丽多变的景象，山水云雾，花鸟鱼虫，如一幅幅水墨丹青，这样神奇的斗茶技艺，不禁让人遐想万千。

宋人斗茶之风的兴起，与宋代的贡茶制度密不可分。民间向宫廷贡茶之前，即以斗茶的方式，评定茶叶的品级等次，胜者作为上品进贡。后来，斗茶就分割出来作为三项茶游艺（斗茶品、斗茶令、茶百戏）而发展起来，最初只局限于文人雅士之间，后渐渐推向民间，至晚清复归消歇。

4. 斗茶，用茶盏

说到斗茶，不能不说茶盏。宋代盛行斗茶，所用茶具为黑瓷茶具，产于福建、江西、浙江、四川等地，其中最被人津津乐道的是建州（今福建省建瓯市）的建窑盏，即著名的“建盏”。因其色黑紫，故又名“乌泥建”“黑建”“紫建”。另外还有江西吉州窑的吉州盏，以富于禅意的木叶天目盏和贴花天目盏著称。

建盏中以兔毫盏最为人称道。兔毫盏釉色黑青，盏底有放射状条纹，银光闪现，异常美观。以此盏点茶，黑白相映，易于观察茶面白色泡沫汤花，故名重一时。蔡襄《茶录》曰：“茶色白，宜黑盏，建安所造者绀黑，纹如兔毫，其坯微厚，最为要用。出他处者，或薄或色紫，皆不及也。其青白盏，斗试家自不用。”宋代祝穆在《方舆胜览》中也说：“茶色白，入黑盏，其痕易验。”黄庭坚的“兔褐金丝宝碗，松风蟹眼新汤”，即为咏此茶盏的名句。

制作建盏，配方独特，窑变后会现出不同的斑纹和色彩。除釉面呈现兔毫条纹的兔毫盏外，还有鹧鸪斑点、珍珠斑点和日曜斑点的茶盏，这些茶盏分别称为鹧鸪盏、油滴盏和日曜盏。这类茶盏，最适宜斗茶，一旦茶汤入盏，能放射出五彩纷呈的点点光芒，为斗茶平添一份情趣。世传号称“天下第一碗”的是南宋绝品曜变天目盏。

5. 斗茶，茶筹

斗茶，总会遇有计算、统计甚至要有可以比较用的筹码，斗茶茶游艺中也需有行令用的筹码子，茶筹的作用就不可缺。筹，是算具，古代一般用竹木削制成筹来进行运算。茶筹就是茶游艺中的算具也可做行令筹码。现今所见存世的茶筹在杭州，为清代遗物，每枚茶筹长约十厘米，成圆柱形。茶筹被涂上不同的颜色，用以区分代表不同的标值。

15 茶文艺

最早的茶哲论

最早的茶哲论是唐代王敷的《茶酒论》。

唐代王敷是一名进士，他的《茶酒论》久已失传，自敦煌变文和其他唐人手写古籍被发现后，才得以重新为人们所认识。《茶酒论》以对话的方式、拟人手法，广征博引，取譬设喻，以茶酒之口各述己长，攻击彼短，意在承功，压倒对方。《茶酒论》最后是这样结尾的："两个政夺人我，不知水在旁边。"于是由水出面劝解，结束了茶与酒双方互不相让，一争高下的争斗，指出："茶不得水，作何相貌？酒不得水，作甚形容？米曲干吃，损人肠胃；茶片干吃，只粝破喉咙。"只有相互合作、相辅相成，才能"酒店发富，茶坊不穷"，更好地发挥效果。《茶酒论》辩诘十分生动，且幽默有趣。茶与酒的争论针锋相对，难分胜负，描述生动有趣，使读者弄清楚了两者的长与短：茶与酒相比，茶更显出宁静、淡泊、隐幽，酒更显得热烈、豪放、辛辣，二者体现着人不同的品格性情，体现着人不同的价值追求。

（唐）王敷《茶酒论》（局部）

最早的茶谚语

茶谚是指关于茶叶饮用和生产经验的概括和表述，并通过谚语的形式，采取口传心记的办法来保存和流传。它是茶叶生产、饮用发展到一定阶段才产生的一种文化现象。

茶谚最早的文字记载见唐代苏广的《十六汤品》，其中有："谚曰，茶瓶用瓦，如乘折脚骏马登高。"

这里的"瓦"是粗陶材质，无釉之瓦，透气性过于强，易渗水又有土沁味。"骏"是品质拔尖的马。

"茶瓶用瓦"，用此材质制作存放茶叶汤的瓶罐，来存放茶汤，易渗且造成茶味失真，甚至会有异味；"如乘折脚骏登高"，就像骑乘着品质拔尖但跛脚的马去登山一样，空有了很好的主物体原生好品（本）质，但没能达到希望的效果，甚至会有危害。

最早的茶歌

茶歌和茶舞是由茶叶生产、饮用这一主体文化，派生出来的一种茶文艺现象。

从现存的茶史资料来说，茶叶成为歌咏的内容，最早见于西晋孙楚的《出歌》，其称“姜桂荼出巴蜀”，这里说的“荼”就是指茶。唐代皮日休的《茶中杂咏序》“昔晋杜育有赋，季疵有茶歌”的记述，可见最早有记载的茶歌是陆羽茶歌，但可惜这首茶歌早已散佚。

在中国古时，如《尔雅》所说：“声比于琴瑟日歌。”茶歌的来源有四条途径：

茶诗词转化成茶歌。早期无舞蹈相伴，《韩诗章句》“有章曲曰歌”，认为诗词只要配以章曲，声之如琴瑟，则其诗也次了。唐代韩偓《信笔》诗曰：“柳密藏烟易，松长见日多。石崖觅芝叟，乡俗采茶歌。”采茶已成为乡俗，这也是“茶歌”一词最早的记载。唐代还有刘禹锡的《西山兰若试茶歌》。至宋代，王观国《学林》、王十朋《会稽风俗赋》等作品中见“卢仝茶歌”或“卢仝谢孟谏议茶歌”，这表明至少在宋代诗就配以章曲、器乐而唱了。宋代由茶叶诗词而传为茶歌的情况较多，如熊蕃在十首《御苑采茶歌》的序文中称：“先朝漕司封修睦，自号退士，曾作《御苑茶歌》十首，传在人口……蕃谨抚故事，亦赋十首献漕使。”这里所谓的“传在人口”就是歌唱在人民中间。

茶歌的另一个来源是民谣经配曲而成茶歌，民谣经文人整理配曲后再返回民间，如明清时杭州富阳一带流传的《贡茶鲥鱼歌》。这首歌是明正德九年（1514 年）韩邦奇根据《富阳谣》改编为歌的。其歌词曰：“富阳山之茶，富阳江之鱼，茶香破我家，鱼肥卖我儿。采茶妇，捕鱼夫，官府拷掠无完肤，皇天本圣仁，此地一何辜？鱼兮不出别县，茶兮不出别都，富阳山何日摧？富阳江何日枯？山摧茶已死，江枯鱼亦无，山不摧江不枯，吾民何以苏？”歌词通过连串的问句，唱出了富阳地区采办贡茶和捕捉贡鱼，百姓遭受的侵扰和痛苦。再如《“千两茶”踩茶号子》。

茶歌再一个来源是由劳动者（茶农和茶工）自己创作的民歌和山歌。如清代流传在江西每年到武夷山采制茶叶的劳工唱的歌。此外除了江西、福建，其他如浙江、湖南、湖北、四川各省的地方志中，也都有不少记载，这些茶歌，开始未形成统一的曲调，后来孕育产生了专门的“采茶歌”“拣茶歌”，使采茶调和山歌、盘歌、五更调、川江号子等并列发展为我国南方一种传统的民歌形式。

再就是当代词、曲作家创作的茶歌，如《挑担茶叶上北京》《古丈茶歌》等。

不同时期的茶歌（20 世纪 60、70、80 年代，21 世纪初）

最早的采茶调

20 世纪 60 年代演唱采茶调

采茶调是采茶歌的约定俗成的曲调。“采茶歌”的最早记载见于晚唐五代的诗人韩偓《信笔》，诗曰：“柳密藏烟易，松长见日多。石崖觅芝叟，乡俗采茶歌。”

采茶调，起源于湖北黄梅一带，故此，人们称之为“黄梅采茶调”。清同治年间，江西何炳元曾作诗：“拣的新茶倚绿窗，下河调子赛无双。为何不唱江南曲，尽作黄梅县里腔。”这里的“黄梅县里腔”指的就是黄梅采茶调，可见采茶调的传播之广，以及深受人们喜爱的情形。

采茶调是汉族的民歌曲调，在我国西南的一些少数民族中，也演化产生了不少诸如“打茶调”“敬茶调”“献茶调”等曲调。居住在滇西北的藏族同胞，劳动、生活时唱不同的民歌，如挤牛奶时，唱“格格调”，结婚时会唱“结婚调”，宴会时会唱“敬酒调”，青年男女相会时唱“打茶调”“爱情调”。居住在金沙江西岸的彝族支系白依人，旧时结婚第三天祭过门神开始正式宴请宾客时，吹唢呐的人，按照待客顺序，依次吹“迎宾调”“敬茶调”“敬烟调”“上菜调”，说明我国少数民族和汉族一样不仅有茶歌，也形成了若干有关茶事的固定乐曲。

记载最早的采茶舞

采茶歌舞的记载最早见于明王骥德《曲律》(1624 年初版）云：“至北之滥，流而为《粉红莲》《银纽丝》《打枣杆》；南之滥，流而为吴之《山歌》，越之《采茶》诸小曲，不啻郑声，然各有其致。”从中可以看出《采茶》在明朝已经以民间小曲形式在浙东出现。至清代，采茶歌逐步发展为采茶舞。清代李调元《粤东笔记》中记载：“粤俗，岁之正月，饰儿童为彩女，每队十二人，人持花篮，篮中燃一宝灯，罩以绛纱，明为大圈，缘之踏歌，歌十二月采茶。”这说明以采茶为题材的歌舞早在 17 世纪时已见于我国南方诸省。

流行于我国南方各省的“茶灯”或“采茶灯”是汉族比较常见的一

20 世纪 50 年代采茶舞

种民间舞蹈形式。茶灯，是福建、广西、江西和安徽“采茶灯”的简称。江西还有“茶篮灯”和“灯歌”，在湖南和湖北则称为“彩茶”和“茶歌”；在广西又称“壮采茶”和“唱茶舞”。采茶歌舞不仅各地名称不一，跳法也不同，一般是由一男一女或一男二女参加表演。舞者腰系的持一钱尺（鞭）作为扁担、锄头等，女舞者左手提茶篮，右手持扇，边歌边舞，主要表现姑娘们在茶园的劳动生活。

不但汉族和壮族有《茶灯》民间舞蹈，我国还有些民族盛行的歌舞往往也以敬茶和饮茶的茶事为内容，从一定角度看，也可以说是茶叶舞蹈。如彝族打歌时，客人坐下后，在大锣和唢呐的伴奏下，主人恭恭敬敬，手端茶盘或酒盘，边把茶、酒一一献给每一位客人，然后再边舞边退。

白族打歌和彝族打歌相似，人们手中端着茶或酒，在领以歌纵舞，以舞狂歌。

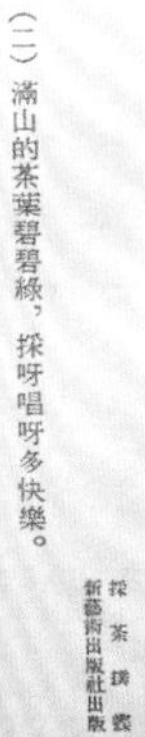

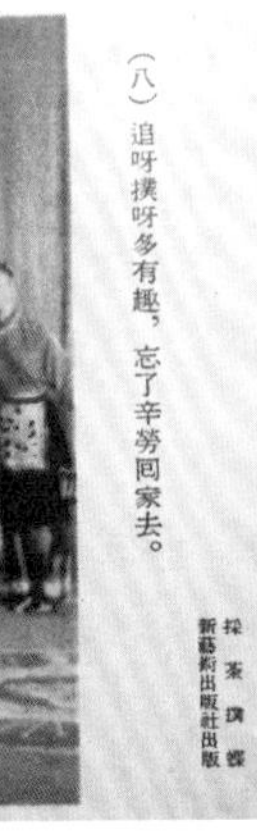

1956 年彩色小画片，福建龙岩采茶灯舞《采茶扑蝶》（部分）

最早的采茶戏

最早的采茶戏大体来源于采茶歌、采茶调，也有的是在此基础上发展而来的茶灯，并且与其他艺术相结合不断地发展完善。采茶活动是采茶戏的生活根基，采茶调是采茶戏最初的艺术形式，茶灯则是歌舞兼备的进一步表现。采茶戏是一种综合性的艺术。

采茶戏，流行江西、湖北、湖南、安徽、福建、广东、广西等省（自治区、直辖市）。如广东的“粤北采戏”、湖北的“阳新采茶戏”“黄梅采茶戏”“蕲春采茶戏”，等等。这种戏以江西较普遍，剧种也多。如江西采茶戏的剧种，即有“赣南采茶戏”“抚州采茶戏”“南昌采茶戏”“武宁采茶戏”“赣东采茶戏”“吉安采茶戏”“景德镇采茶戏”和“宁都采茶戏”等，这些剧种名目繁多，形成的时间大致在清代中期至清代末年。

采茶戏是直接由采茶歌和采茶舞脱胎发展起来的。如采茶戏变戏曲，就要有曲牌，其最早的曲牌名叫“采茶歌”。

采茶戏的形成，不只脱颖于采茶歌和采茶舞，还和花灯戏、花鼓的风格十分相近。花灯戏是流行于云南、广西、贵州、四川、湖北、江西等省（直辖市、自治区）的花灯戏类别的统称，以云南花灯戏的剧种为最多，其产生年代较花鼓戏和采茶戏稍迟，大多形成于清末。花鼓戏以湖北、湖南两省剧种为最多，其形成时间和采茶戏相差不多。这两种戏曲也是起源于歌小调和民间舞蹈。因为采茶戏、花灯戏、花鼓戏的来源、形成和发展风格等都比较接近，所以三者之间，也存在相互吸引的关系。

茶对戏曲的影响不仅是直接产生了采茶戏这种戏曲，更为重要的是对所有戏曲都有影响，使剧作家、演员、观众都喜好饮茶，使茶叶文化深入到人们生活的各个方面，使戏剧也离不开茶叶。如明代我国剧本创作中有一个艺术流派叫“玉茗堂派”，即是因大剧作家汤显祖嗜茶将其临川的住处命名为“玉茗堂”而引起的。

我国的许多名戏、名剧，不但都有茶事的内容、场景，有的甚至全剧以茶事为背景题材，如我国传统剧目《西园记》的开场词中，即有“卖到兰陵美酒，烹来阳羡新茶”，把观众一下引到特定的乡土风情中。如昆剧传统剧目《茶访》，是南戏《寻亲记》中的一出，写宋朝范仲淹新任河南开封府尹，私行察访，在茶馆中偶见当地土豪张敏横行不法，于是向茶博士探问究竟，茶博士便详述了张敏的罪恶。

中华人民共和国成立后，多地传统茶产区发掘整理了赣南采茶戏有:《九龙山摘茶》(改名《茶童歌》)；粤北采茶戏有传统剧目《九龙茶灯》；皖南花鼓戏整理演出了《当茶园》。还有老舍的话剧《茶馆》；于石斌、洪平导演的电影《喜鹊岭茶歌》；湖北宜昌京剧团的现代京剧《茶山七仙女》(写“大跃进”中七位采茶姑娘大胆革新的故事)。

浙江丽水采茶戏

最早的茶衣

京剧茶衣，20 世纪 50 年代着茶衣演员（左）

茶衣，从宋代直到明代，是茶楼酒肆一般劳动者的一种“工作服”。衣着为蓝布对襟短衣，腰束白布短围裙。

后来，茶衣成为了一种戏曲服装，一般是蓝布短衣，大领大襟、半身，一般衣襟边缘及袖口处缝以白布边，为剧中扮演古代各种行业的劳动人民所穿。最初是剧中的茶房着这种服装，后来剧中劳动人民普遍都穿这种服装，旧戏班里就把这角色行当统称为“茶衣丑”，是京剧文丑的一种，如《武松打虎》中的酒保、《问樵闹府》中的樵夫、《小放牛》中的牧童。

茶衣，后又成为了京剧服饰中短衣裳的一种，是专有名词。

茶道

16

- 最早提出“茶道”的人
- 最早的禅茶礼法
- 最著名的禅林法语

最早提出“茶道”的人

最早提出“茶道”概念的人是唐代诗僧皎然（776—780年）。皎然是唐代大历年间，涌现的杰出“诗僧”，他居于佛门，却与士大夫酬唱交往。他与陆羽是莫逆之交，相处数十年，或同处一室整日清谈，或互相拜会；陆羽离开湖州的短途旅行，皎然也尽力相陪；不能陪同的远游，还有诗作赠别。皎然对陆羽《茶经》的评价是嫌其对饮茶的意境探讨不够深入。而皎然自有悟道。皎然在《饮茶歌诮崔石使君》中写道：“孰知茶道全而真，唯有丹丘得如此。”《饮茶歌诮崔石使君》全文如下：

越人遗我剡溪茗，采得金芽爨金鼎。
素瓷雪色缥沫香，何似诸仙琼蕊浆。
一饮涤昏寐，情思朗爽满天地。
再饮清我神，忽如飞雨洒轻尘。
三饮便得道，何须苦心破烦恼。
此物清高世莫知，世人饮酒多自欺。
愁看毕卓瓮间夜，笑向陶潜篱下时。
崔侯啜之意不已，狂歌一曲惊人耳。
孰知茶道全尔真，唯有丹丘得如此。

《饮茶歌诮崔石使君》是一首皎然所作的五、七言古体茶歌。该诗约作于唐德宗贞元元年（785年），该诗用饮茶的好处来诮（讥嘲）崔石的饮酒，并列举了东晋两个著名的饮酒人物：毕卓、陶潜。皎然讲述了他品饮剡溪茗的感受：第一饮达到涤昏寐，第二饮达到清我神，第三饮达到最高的境界得道。同时指出茶是最清高，其意在倡导以茶代酒，探索品茗意境的鲜明艺术风格。

从诗中可以看到皎然的“茶道”理念包括精神和技术两个层面，这是唐代“尚茶成风”，茶文化发展的新高度。

最早的禅茶礼法

唐代怀海和尚（720—814 年）制订了《百丈清规》，第一次规范饮茶诸法，形成禅宗茶礼，是最早的禅茶礼法。

唐代饮茶之风的盛行，与佛教有密切的关系。佛教自汉代传入我国，经魏晋开始流行，到隋唐时，更由于朝廷的大力提倡而得到迅速发展，寺庙在全国各地到处都有，僧尼人数也非常多。唐代，佛教禅宗派兴起，禅宗信徒不立文字，自称“教外别传”，以坐禅为唯一的修持方法。他们重视坐禅。坐禅简称“禅”，就是趺坐而修禅，是佛教修持的主要方法之一。茶叶这种具有提神醒脑，消除疲劳的饮品，便受到广大僧徒的欢迎，成为他们最理想的饮品。《晋书 · 艺术传》载：“名僧单道开在邺城昭德寺修行，坐禅十分刻苦，不畏严寒，经常昼夜不眠，以‘饮茶苏’解乏，防止睡眠。”

唐代封演的《封氏闻见记》中记载：“开元中，泰山灵岩寺有降魔师大兴禅师，学禅务于不寐，又不夕食，皆许其饮茶，人自怀挟，到处煮饮。从此转相仿效，遂成风俗。”饮茶成了佛教徒饮食生活中不可缺少之事，从某种意义上说，甚至比吃饭都重要。唐代时佛教盛行，寺院专设有茶堂，是众僧聚会和招待施主饮茶品茗的地方。法堂还设有“茶鼓”，以敲击召集众僧饮茶。僧人每日都要坐禅，坐至焚完一炷香就要饮茶。另设有“茶头”，专门烧水煮茶，献茶待客。

唐代，僧人们喜欢饮茶，也自己种茶。唐代寺院经济很发达，有土地，有佃户，寺院又多在深山云雾之间，正是宜于植茶的地方，僧人有饮茶爱好，首先要研究茶的生产制作，在这方面佛教僧侣做出了重要贡献。饮茶成为僧人主要的生活内容和寺庙的制度。据宋代道原《景德传灯录》卷二六载：“晨起洗手面盥漱了，吃茶，吃茶了，佛前礼拜，归下去打睡了，起来洗手面盥漱了吃茶，吃茶了东事西事，上堂吃饭了盥漱，盥漱了吃茶，吃茶了东事西事。”这个时候，吃茶已上升为修行的一部分，他们认为茶意与禅意相通，可以通过饮茶悟茶理而至禅理。茶与禅日益相融，最终凝铸成了流传千古的“茶禅一味”。

“茶禅一味”的典故源自赵州和尚那句著名的偈语：“吃茶去。”宋代高僧圆悟克勤写下了“茶禅一味”。

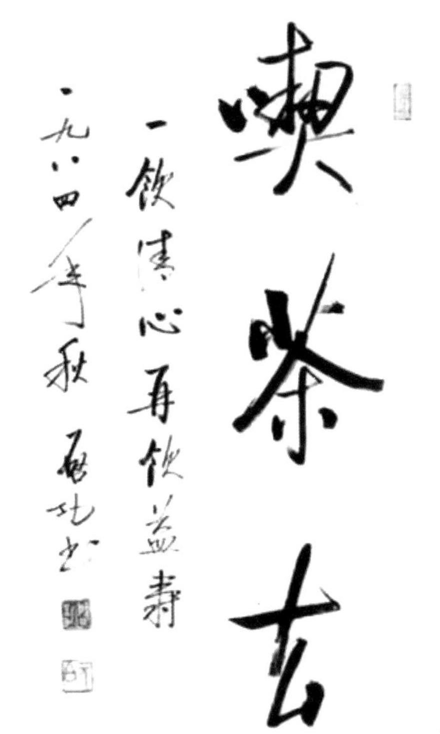

书法《喫茶去》（启功书）

最著名的禅林法语

吃茶去，是很普通的一句话，但在佛教界，却是一句禅林法语。“吃茶去”是最著名的禅林法语。

唐大中十一年（857年），80高龄的从谂禅师行脚至赵州，受信众敦请驻锡观音院，弘法传禅达40年，僧俗共仰，为丛林模范，人称“赵州古佛”。其证悟渊深、年高德劭，享誉南北禅林并称“南有雪峰，北有赵州”“赵州眼光烁破天下”。赵州禅师住世120年，圆寂后，寺内建塔供奉衣钵和舍利，谥号“真际禅师”。他喜爱茶饮，也喜欢用茶作为机锋语。

宋代《五灯会元》就有记载赵州从谂禅师，师问新来僧人：“曾到此间否？”答曰：“曾到。”师曰：“吃茶去。”又问一新来僧人，僧曰：“不曾到。”师曰：“吃茶去。”后院主问禅师：“为何曾到也云吃茶去。不曾到也云吃茶去？”师召院主，主应诺，师曰：“吃茶去。”

禅宗讲究顿悟，认为何时何地何物都能悟道，极平常的事物中蕴藏着真谛。茶对僧人来说，是每天必饮的日常饮品，因而，从谂禅师以“吃茶去”作为悟道的机锋语，对僧人来说，既平常又深奥，能否觉悟，则靠自己的灵性了。

17 茶范

- 唐代最具代表性茶范
- 宋代最具代表性茶范
- 明代最具代表性茶范
- 清代最具代表性茶范
- 现代最具代表性茶范
- 当代最具代表性茶范
- 新时代最具代表性茶范

唐代最具代表性茶范

颜真卿是唐代最具代表性茶范。

唐代（618—907年），是大一统中原王朝，共计289年，历经贞观之治、永徽之治、开元盛世、安史之乱、中兴之治国势复振，大唐盛世万国来朝，唐朝接纳各国交流学习，经济、社会、文化、艺术呈现出多元化、开放性等特点。

颜真卿（709—784年），是唐代中期杰出的政治家，经历安史之乱、中兴之治，与时代同呼吸共命运，成为大唐中兴依重的能臣，以义烈闻名于时，最终以死明志。

颜真卿是唐代最具代表性茶范，茶德风气的倡导者，他编纂《韵海镜源》，兴茶会雅集，增进学士以茶交情兴文，促成兴起了唐代湖州文化圈的繁荣；他推动第一个皇家茶工厂——顾渚山贡茶院建成；他出资建“三癸亭”支持陆羽办茶亭，帮助建成“青塘别业”，陆羽入住修订《茶经》，完成三稿并付梓。

颜真卿是唐代书法家，他将自己高尚的人格融入书法，创立雄强、壮美、宽博的“颜体”楷书，透露出中正的行为修养，成为中国书法史上唯一能与王羲之雁行的书法家。“书至于颜鲁公”“颜楷”被后世奉为楷书首典。

颜真卿是道德楷模，他为官近五十载，一心为国、一尘不染、一意担当，勤政爱民，惜才兴茶，以自身“云水风度、松柏气节”诠释了茶德精神。颜真卿无愧是唐代茶范，他的茶魂带着那个朝代的气象和自身的本性：博大。

宋代最具代表性茶范

苏轼是宋代最具代表性茶范。

宋代（960—1279 年）分北宋和南宋两个阶段，共计 319 年。宋代是中国古代商品经济、文化教育、科学创新非常繁荣的时代。宋代社会主化呈现儒学复兴、社会开明等特点。

苏轼（1037—1101 年）是北宋文学家、书画家、唐宋八大家之一，他在文、诗、词三方面都达到了极高的造诣，堪称宋代文学最高成就的代表。苏轼的创造性活动不局限于文学，他在书法、绘画、茶事等领域内的成就都很突出，对医药、烹饪、水利等技艺也有所贡献。苏轼典型地体现着宋代的文化精神。苏轼历经坎坷、命途多舛，他进退自如、宠辱不惊的人生态度，既坚持操守又修生养性的人生境界，成为后代文人景仰的典范。苏轼以宽广的审美眼光去拥抱大千世界，凡物皆有可观，到处都能发现美的的存在，这样的审美态度为后人提供了富有启迪意义的审美范式。

苏轼与茶结缘终生，长期的地方官经历和贬谪生活，使苏轼足迹遍及江南、华南茶区，他采茶、制茶、点茶、品茶、讲茶、咏茶，情趣盎然；“从来佳茗似佳人”，成了苏轼保持旷达而乐观人生的精神伴侣。他创作有大量的茶事作品，着眼于抒情与人生历程的高性情相贯通，清新豪健，善用夸张比喻，独具风格，广为传咏。

苏轼是宋代文化高度繁荣历程中涌现的文坛领袖，他不但是茶人首席代表，而且是左右宋代茶德风气走向的关键人物，也是影响后代社会茶德修行的众望典范。苏轼无愧是宋代茶范，他的茶魂带着那个朝代的气象和自身的本性：旷达。

明代最具代表性茶范

朱权是明代最具代表性茶范。

明代（1368—1644 年），是多民族进一步统一稳固的王朝，共计 276 年。明初历经洪武之治、永乐盛世、仁宣之治，政治清明、国力强盛。文化艺术呈现世俗化趋势。

朱权（1378—1448 年）明太祖朱元璋第十七子，明朝第一代宁王。永乐元年被改封南昌后，于南昌郊外构筑精庐隐居，多与文人学士往来，潜心戏曲、古琴、茶道和著述以寄情、平生撰述纂辑见于著录者约 70 余种，存世约 30 种。

朱权多才多艺，且戏曲、历史方面的著述颇丰，有《汉唐秘史》等书数 10 种，堪称戏曲理论家和剧作家。其所作杂剧今知有 12 种。

朱权善古琴，编有古琴曲集《神奇秘谱》和北曲谱及评论专者《太和正音谱》(中国现存最早杂剧曲谱，是中国戏曲史上重要的理论著作)。所制作得“中和”琴，号“飞瀑连珠”，是历史上有所记载的旷世宝琴，被称为明代第一琴。

朱权耽乐清虚，悉心茶道，借茶来表明自己的志向和内心世界，达到修身养性；他主张保持茶叶的本色，提倡饮茶方式要方便、简单，顺应茶本身的自然之性，推动了叶茶（散茶）发展；他将饮茶经验和体会写成《茶谱》传世。

朱权以隐士之力参与促进明代文化艺术呈现世俗化趋势，他不但是明代茶人杰出代表，而且是推动明代茶德风气走向的重要人物，也是影响明代社会茶德修行的突出典范。朱权称得上是明代茶范，他的茶魂带着那个朝代的气象和自身的本性：清真。

清代最具代表性茶范

李渔是清代最具代表性茶范。

清朝（1636—1912 年），是中国历史统一多民族得到巩固和发展的王朝，建立全国性政权算起 268 年。康雍乾三朝走向鼎盛，物产盈丰，小农经济的社会生活繁荣稳定，文化传承出现流派纷呈和世俗化。

李渔（1611—1680 年）明末清初文学家、戏剧家、戏剧理论家、美学家。其建筑“芥子园”别业、构筑伊山别业（即伊园）、修筑“层园”，并开设书铺，编刻图籍，广交达官贵人、文坛名流。他曾设家戏班，至各地演出，创立了较为完善的戏剧理论体系，成为休闲文化的倡导者、文化产业的先行者，被后世誉为“中国戏剧理论始祖”“世界喜剧大师”。其一生著述五百多万字。他还批阅《三国志》，改定《金瓶梅》，倡编《芥子园画传》、著作《笠翁对韵》等。

李渔是真茶客，对茶具、茶道、茶品等方面富有研究，还创作过以茶为题材的文学作品，并常将茶事作为展开故事情节的重要手段。李渔论饮茶，讲求艺术与实用的统一，《闲情偶寄》中，记述了他的品茶经验和论述，对后人有很大的启发。

李渔以民间文人之身励行清代文化艺术世俗化，他不但是清代有作为的茶人代表，而且是推动清代茶德风气和茶美学走向的重要人物，也是影响清代社会茶德修行的突出典范。李渔称得上是清代茶范，他的茶魂带着清代的气象和自身的本性：融化。

现代最具代表性茶范

林语堂是现代最具代表性茶范。

现代中国（1919—1949 年），从五四运动到中华人民共和国的成立，这是中国历史上大动荡大转变的时期。进步人士对民主与科学的崇尚，成为文化之魂。

林语堂（1895—1976 年），中国现代著名作家、学者、翻译家、语言学家。他曾在清华大学、北京大学、厦门大学任教，后赴新加坡筹建南洋大学任校长，曾任联合国教科文组织美术与文学主任，先后两度获得诺贝尔文学奖提名。

林语堂写《苏东坡传》，在苏轼身上完成了自身某些特质的投射：诗人、乐天派、作家、工程师、政治上的坚持己见者、生性诙谐的人。

林语堂被称为幽默大师，在民国大动荡、民不聊生的社会环境下，去信仰完美人性，他很幽默。他提出诙谐的“三泡”说：“严格地说起来，茶在第二泡时为最妙。第一泡譬如一个十二三岁的幼女，第二泡为年龄恰当的十六岁女郎，而第三泡则是少妇了。”

林语堂身体力行，双语齐发，通过多种题材的文字，试图促进东西方文化的交流，他身处两种文化环境中，向世界说：“捧着一把茶壶，中国人把人生煎熬到最本质的精髓。”林语堂具有人望、才情高和传播力强的优点，自然成了那个时代中国茶向世界传播的“大使”。

林语堂直面人生，并不缀以惨淡的笔墨；讲改造国民性，但并不攻击任何对象，而以观者的姿态把世间纷繁视为一出戏，书写其滑稽可笑处；品茶，进而追求一种心灵的启悟，以达到冲淡的心境。他称得上是现代茶范，他的茶魂带着现代的气象和自身的本性：诙谐。

当代最具代表性茶范

吴觉农是当代最具代表性茶范。

当代中国（1949—）中华人民共和国成立，开辟了中国历史的新纪元，新中国成立后的前 30 年是社会主义革命和建设时期，后 40 多年是社会主义改革开放新时期。从革命建设到改革开放，奋斗是时代的主旋律。

吴觉农（1897—1989 年）中国知名的爱国民主人士和社会活动家，著名农学家、农业经济学家，现代茶叶事业复兴和发展的奠基人。

吴觉农是一位知名的爱国民主人士和社会活动家，他出生于苦难的旧中国，具有高度的爱国主义精神，是不断求进步的革命知识分子，他的身上表现着富贵不能淫、威武不能屈、贫贱不能移的高贵品质。他振兴中国茶叶的理想同他爱国主义的思想密切相关。

吴觉农被誉为“当代茶圣”，他毕生从事茶事，学识渊博，经验丰富，态度严谨，目光远大。他所著《茶经述评》至今仍是研究陆羽《茶经》最权威的著作。他最早论述了中国是茶树的原产地；创建了中国第一个高等院校的茶业专业和全国性茶叶总公司；又在福建武夷山麓首创了茶叶研究所，为发展中国茶叶事业做出了卓越贡献。

当代茶圣吴觉农，博学多才，不慕官禄，不良强权，艰苦创业，矢志许茶，为我国当代茶学理论、科研育人、产销贸易等方同做出了划时代的不可磨灭的贡献，他是我国当代茶学的开拓者和奠基人。吴觉农不愧是时代茶范，他的茶魂带着当代中国的气象和自身的本性：担当。

新时代最具代表性茶范

张天福是新时代最具代表性茶范。

中国人民从“站起来”到“富起来”进而“强起来”，2017 年开启中国特色社会主义新时代，为了人民对美好生活的向往，物质生活富裕和精神生活富裕，成为努力方向。

张天福（1910—2017 年），中国近现代十大茶叶专家之一，也是首部《中国农业百科全书》中十大茶叶类专家之一。其八十多年如一日，长期从事茶叶教育、生产和科研工作，特别在培养茶叶专业人才、创制制茶机械，提高乌龙茶品质等方面有很大成绩，对福建省茶叶的恢复和发展做出重要贡献，被誉为当代中国茶学泰斗。

张天福晚年致力于茶叶审评技术的传授和茶文化的倡导。他主张中和唐代陆羽《茶经》所提“茶最益精行俭德之人”和宋代赵佶《大观茶论》“致清导和”“韵高致静”理念，提升以“俭、清、和、静”为内涵的中国茶礼（俭就是勤俭朴素，清就是清正廉明，和就是和衷共济，静就是宁静致远）。

张天福不但倡导中国茶礼，而且身体力行。他倡导、宣传、组织、协办以宣传茶文化为主要内容的“茶人之家”“茶艺馆”“茶苑”，以清香的茶叶、优雅的琴声、高雅的茶艺，为人们提供一个个安静祥和的美好生活空间。

张天福坚持养成良好生活习惯，黎明即起，清茶一杯，“一叶香茗伴百载，俭清和静人如茶”，张天福老人是茶人寿享茶寿 108 岁的古今唯一人。张天福当之无愧是新时代茶范，他的茶魂带着当代中国新时代的气象和自身的本性：中和。

18 茶空间

- 现存最古老的十家茶楼茶铺
- 茶亭最多的地方
- 记载最早的茶馆
- 最早的茶馆专著
- 最早的“茶”字斋馆号
- 最高级别的茶叶博物馆
- 最多茶博物馆的国家

现存最古老的十家茶楼茶铺

1. The Tsuen Tea Shop（通圆），位于日本京都府宇治市，1160年通圆创办人原本是源赖政的家臣，后来自己出来创业，并获得“通圆”这个赐名，后代与一休和尚——休宗纯是好友，因此一休和尚也常来这里喝茶。这家店历史久远，走到今天已经快有千年了，是世界上最古老的店，一休和尚早已离开，但茶店却一直在，迎送着一个个爱茶的人。

2. Azari Traditional Tea House，位于伊朗德黑兰，14世纪创办，这是全伊朗最老的茶店，除了喝茶，这里也是艺术的殿堂，墙上的壁画是历史也是传统。

3. The Bridge Tea Room，位于英国布拉德福德，1675年创办。这家茶店两次获得英国最好茶店的荣誉，在这里能喝到很多传统的味道并见到古旧的品种。维多利亚时期的家具和维多利亚时期的服务员装，都让整个茶店变得可爱起来。

4. The Bat’s Wing Tea Room，（蝙蝠翅膀茶屋）位于英国怀特岛，16世纪创办。这个茶屋是在一条“U”形路线的底端，茶屋本身就已经是一道风景，而茶屋所在的小岛更是英国的旅游胜地，夏日里的花和这间古朴的屋子，配上一杯红茶，带上一本心爱的书，足以给你一个惬意的午后。

5. The Strand，位于英国伦敦，1717创办。这是英国知名品牌Twinnings（川宁）在伦敦的茶铺，是全英国最早允许女性单独进入的茶铺。而Twinings这一品牌是全英国茶叶销量最多的品牌，它占据了大量的英国市场从低端到高端，从平价的超市到皇室的茶杯，都有它的身影。

6. Al Fishawy，位于埃及开罗，1773 年创办。据说这家店从 1773 年开业至今，从来没有关过门，全年且每天 24 小时无休。这家店带着古老的埃及风格，墙上的镜子仿佛是神话的开端，见证着开罗城的人事往昔。

7. The English Tea Room, Brown’s Hotel，位于英国伦敦，1837 年创办。英国知名酒店里的茶店，既然是在英国，除了茶，这里还有英式下午茶的各种点心，是非常传统的味道，而且有着装要求，所以年轻人多半是来拍照的。

8. Mariage Frères，位于法国巴黎，这是法国当地的知名的茶叶品牌，是最老的茶叶店，开于 1854 年。

9. 湖心亭茶楼，位于中国上海，1985 创办。这座建筑始建于明朝 1784 年，开设茶楼是从 1855 年起，这座茶楼在豫园中，年代久远，融于山水田园之中，十分难得。

10. Tea House by Firuzaa Mosque，位于土耳其伊斯坦布尔，1850 年开设。土耳其人喜欢在茶铺里谈事，而土耳其国内最老的茶铺要数这家在伊斯坦布尔的 Firuzaa Mosque。

上海湖心亭茶楼（清代照片，1901 年）

茶亭最多的地方

茶亭，不仅现代新建的有很多，而且古代文字记载和传承保留的遗址、遗迹、遗名也很多，在山区有“有坳必有亭，有界必有亭”之说，平原地带一般五里一亭，所以很多叫“五里亭”。

茶亭最多的地方是中国湖南省娄底市新化县。

新化“茶亭”多，有茶多的影响，明嘉靖二十二年（1543年）《湖南通志》载：“茶叶新化最多。”明洪武二十二年（1389年）生产“贡茶”，新化多地产贡茶，涟源古塘亦产“枫木贡茶”。民国时期琅塘杨木洲建有“西成埠茶市”。二者，新化“茶亭”，是作为民间乡村公共福利的建筑物而发展。茶亭外有人行道，供丧葬抬柩、牲畜来往。茶亭里开了天井，茶缸摆设在天井旁，墙外立有碑记，记载建享年月，捐款人，守亭公约，护林防火、禁赌、戒大烟、谨防偷盗等乡规民约。亭堂后是灶房，或左或右是猪楼、牛栏、厕所，两边是仓库、住房，非常方便。亭门外两侧都有亭联以抒情、写景、题咏古人、弘扬哲理、表扬乡人。三者，修建茶亭，以行善积德为宗旨，福荫子孙为目的，是民间自发组织的公益事业，并形成风气。再者，茶亭大功德：供劳累行人歇息的场所，方便解手换衣、歇息喝茶、避风挡雨、紧急避险、问路远近、了解乡情；形成预防抢劫等犯罪的乡村力量据点；传统济世防疫所，凡疫病流行，在茶缸里泡贯众、忍冬藤、薄荷、大青之类的草药，免费取饮；通告、公告张贴处，邻里乡亲商议、社交场所。

《新化县志》记载：“数里一亭。”《新化县志》还记载，清道光年间，娄底境内（包括冷水江与隆回一部分地域）有茶亭488座，文字记载流传的新化县有270座茶亭占娄底有半数；安化有茶亭197座，现保留下来的有 42 座，还流传有许多的故事佳话。如：位于在安化小淹乡石门潭的安化奉义茶亭，由清代龚怡发遵母陈护英遗命所建，取名“奉义”。其母“秉性坚贞，夙怀慈善”，见行人过此，欲饮无茶，欲歇无荫，在临终时嘱咐儿子：“暂不买田，先建茶亭。”其谨遵不渝，历时四载，终于建好此亭。之后，则安排妻子与儿媳每天负责提供茶水，为过往行人解除干渴之苦。

湖南省内保存相对完整的茶亭是安化永兴茶亭，有湖南茶亭活化石之称的是安化杉树亭。著名的还有南关风雨桥茶亭、大塘风雨桥、龙石拱桥、歇树坳风雨亭、夫溪风雨桥、大林风雨桥、牛颈山坳茶亭和涟源七星镇的春风亭、凤山亭、止可亭、劳止亭等。

新化紫鹊界屋脊仅存的明初茶亭遗迹

记载最早的茶馆

茶馆也被称为茶寮、茶肆、茶楼、茶棚、茶邸、茶坞、茶房、茶舍、茶坊、茶亭、茶厅、茶室、茶铺、茶店、茶居、茶园、茶舫、茶艺馆 、茶书院等，茶馆一词，最早出现在明代文献典籍中。

茶馆业态，上溯魏晋南北朝时已有上市贩卖茶饮的现象。晋傅咸写《司隶教》，记曰：“闻南方有蜀呕，作茶粥卖之，廉事毁其器具，使无为卖饼于市，而禁茶粥以困老姬，何哉？”这里记叙了四川的老婆婆上街卖茶粥被驱离的事。《广陵耆老传》中：“晋元帝时（317—322 年），有一老妪每日独提一器茗往市鬻之，市人竞买自旦至夕，其器不减。”

唐代饮茶之风盛行，茶馆正式形成。唐代封演的《封氏闻见记》，说的是唐代开元年间（713—741 年），“自邹、齐、沧、棣、渐至邑城市，多开店铺，煎茶卖之，不问道俗，投钱取饮。”

此外，《太平广记》卷 431《韦浦》条记韦浦“俄而憩于茶肆”。《旧唐书 · 王涯传》记载王涯仓皇出走，“至永里茶肆，为禁兵所擒”是茶馆业态的明确记载。

“茶馆”一词，最早出现在明末张岱的《陶庵梦忆》中载：“崇祯癸酉，有好事者开茶馆。”此后，茶馆即成为经营茶饮场所的通称。

清代北京前门的老茶馆（杨家老店），绘于清代

最早的茶馆专著

明代陆树声写的《茶寮记》，是最早的茶馆专著。

陆树声（1509—1605年），字与吉，号平泉、无诤居士，华亭（今上海松江）人，官至礼部尚书。

《茶寮记》一书分为：人品、品泉、烹点、尝茶、茶候、茶侣、茶勋七部分，统称为“煎茶七类”，其文优雅绝伦。具体如下：

人品：煎茶非漫浪，要须其人与茶品相得。故其法每传于高流隐逸、有云霞泉石、磊块胸次间者。

品泉：泉品以山水为上，江水次之，井水又次之。井取汲多者，则水活。然须旋汲旋烹。汲久宿贮者，味减鲜冽。

烹点：煎用活火，候汤眼鳞鳞起沫浡鼓泛，投茗器中。初入汤少许，候汤茗相投，即满注，云脚渐开，乳花浮面，则味全。盖古茶用团饼，碾屑则味易出，叶茶骤则乏味，过熟则味昏底滞。

尝茶：茶入口，先灌漱，须徐啜，候甘津潮舌，则得真味。杂他果，则香味俱夺。

茶候：凉台静室，明窗曲几，僧寮道院，松风竹月，晏坐行吟，清谭把卷。

茶侣：翰卿墨客，缁流羽士，逸老散人或轩冕之徒，超轶世味。

茶勋：除烦雪滞，涤醒破睡，谭渴书倦，是时茗碗策勋，不减凌烟。

最早的“茶”字斋馆号

斋馆号兴于明代。

中国古代文人都有姓名、字、号。“姓名”和“字”，是在出生时由家中或家族中德高望重的长辈拟定，本人承用不得更改，改名字在古代被视为不孝子孙。而“号”就是文人自己根据志向兴趣爱好而拟定，表达了自己的人文取向、志趣、境遇及个性。而到了明代，随着名人在家书房空间加有茶寮、茶室的兴起，不少文人开始给自己的书房茶室，也取上一个富有个性又有寓意的名称，就形成了中国独特的斋馆堂号。

明代文征明有“饮炉山房”号，汤显祖有“玉茗堂”斋号，清代书家俞樾有“茶香室”斋号，王家相有“茗香堂”号，梁一峰有“茗香室”号，汤鼎有“玉茗斋”号，释达宣有“茶梦山房”号，朱彝尊有“茶烟阁”号，倪济远有“茶舍”，高望曾有“茶梦庵”，梁启超有“饮水宝”号。

在林徽因家的“太太的客厅”

最高级别的茶叶博物馆

最高级别的茶叶博物馆，即中国首个国家级的茶叶专题博物馆，位于杭州的中国茶叶博物馆。

博物馆建筑面积 7600 平方米，展览面积 2244 平方米。1990 年 10 月起开放，是国家旅游局、浙江省杭州市共同兴建的国家级专业博物馆。中国茶叶博物馆集文化展示、科普宣传、人才培养、科学研究、学术交流及品茗、餐饮、会务、休闲等服务功能于一体。博物馆由陈列大楼、国际和平茶文化交流馆、风味茶楼、茶艺游览区等建筑组成。

中国茶叶博物馆的文化展示颇吸引人，这是博物馆的精华所在。整个展览设计出了茶史、茶萃、茶事、茶缘、茶具、茶俗 6 大相对独立而又相互联系的展示空间，多方位、多层次、立体地展示茶文化。以“茶史钩沉”“名茶荟萃”“茶具艺术”“饮茶习俗”“茶与人体健康”等专题，勾勒出中国几千年茶叶文明的历史轨迹，细致生动地反映了源远流长、

中国茶叶博物馆
龙井区

丰富多彩的中华茶文化。

徜徉在展厅，最让观众流连的是缤纷再现的各地茶俗。一个个生动的场景，叙述着各民族人民饮茶、爱茶的日常生活。从原始森林的野生大茶树切片到各种栽培茶树标本；从古代秦汉时期粗朴简陋的饮器到明清精美绝伦的宫廷茶具；从茶籽化石到民族风格浓郁的茶俗场景，一件件珍贵的文物，辅以精心设计的文字、图片、图表，制作精良的模型、惟妙惟肖的雕像，以及优雅动人的音乐，演绎着数千年的茶文明进程。

博物馆拥有一支训练有素的茶艺表演队，配备专业讲解员提供中英文讲解，推出各类茶文化游览套餐，开展茶艺师培训工作，成为中华茶文化的传承基地。

最多茶博物馆的国家

拥有最多茶博物馆的国家是中国。中国茶的博物馆有57家，分布在全国42个市或县。它们是：中国茶叶博物馆（杭州）、北京茶叶博物馆（北京）、云南省茶文化博物馆（昆明）、湖南省茶叶博物馆（长沙）、湖北省茶博馆（五峰）、台湾坪林茶业博物馆（台湾）、香港茶具文物馆（香港）、贵州茶文化生态博物馆中心馆（湄潭）、贵州茶工业博物馆（湄潭）、湖州陆羽茶文化博物馆（湖州）、茶经楼博物馆（天门）、中国黑茶博物馆（安化）、湖南红茶博览馆（安化）、茯茶文化博物馆（泾阳）、临湘砖茶博物馆（临湘）、云茶历史文化博物馆（昆明）、茶马古道博物馆（丽江）、普洱茶博物馆（普洱）、柏联老茶博物馆（昆明）、茶膏博物馆（昆明）、六堡茶博物馆（苍梧）、天福茶博物院（漳浦）、祁红博物馆（祁门）、黄山松罗茶文化博物馆（黄山）、黄山太平猴魁博物馆（黄山）、黄山徽茶文化博物馆（黄山）、谢裕大茶叶博物馆（黄山）、黄山莫问茶號徽茶博物馆（黄山）、六安瓜片茶文化博物馆（金寨）、南京雨花茶文化博物馆、江南茶文化博物馆（苏州）、蒙山世界茶文化博物馆（雅安）、蒙顶山茶史博物馆（雅安）、藏黑茶博物馆（雅安）、青岛崂山茶博物馆（青岛）、青岛万里江茶博物馆（青岛）、鲁西茶文化博物馆（济南）、济南茶叶博物馆（济南）、长清茶文化博物馆（济南）、甘肃省茶博物馆（文县）、硒茶博物馆（恩施）、三和创意茶文化博物馆（安溪）、阳羡茶文化博物馆（宜兴）、鸠坑茶叶博物馆（淳安）、潮州凤凰单丛茶博物馆（潮安）、潮府工夫茶文化博物馆（潮州）、茶宫茶博物馆（深圳）、乐人谷茶文化博物馆 (东皖)、古丈茶文化博物馆（古丈）、剡溪陶器茶壶博物馆（嵊州）、永春古茶器博物馆（永春）、西湖龙井茶博物馆（杭州龙坞）、百茶博物馆（开化）、四龙茶博物馆（梁河）、永安阁茶博物馆（咸宁）、横县茉莉花茶博物馆（横县）、福州茉莉花茶文化博物馆（福州）。

最早的茶博物馆（20 世纪 50 年代）

19 茶贸易

- 记载最早的茶市
- 最古老的茶市遗址
- 记载最早的塞外通商茶贸易
- 最有影响的茶叶拍卖中心
- 最早的茶银行
- 全球最大的茶叶品牌
- 现存最古老（久远）的对外贸易茶样本
- 现存最早的茶商业广告
- 中国百年茶叶出口贸易最高峰

记载最早的茶市

茶市，是茶叶集中交易的场所，一般形成或设立在交通便利、经济繁荣的城镇。最早记录茶叶为交易买卖商品和交易地方的人是西汉时期的王褒。其著于西汉宣帝神爵三年（公元前 59 年）的《童约》中规定，煮茶、买茶作为家奴必须完成的劳役，且已有“烹茶尽具”“武阳买茶”之述，这是现存最早的较可靠的茶史资料。其表明至迟在公元前 59 年，在武阳（今四川彭山）已出现茶叶集市（买卖市场，是为茶作为商品交易和茶市的最早记载）。

唐代白居易名作《琵琶行》：“商人重利轻别离，前月浮梁买茶去。”可证唐代浮梁（今江西景德镇北）已成为一个颇具规模的茶叶集散中心。唐代李吉甫《元和郡县图志》：“（浮梁）每岁出茶七百万驮，税十五余万贯。”浮梁占了唐代全国茶税八分之三，足见浮梁茶市之大。

北宋初，榷货务，十三场即为大茶市。林逋《无为军》诗云：“酒家楼阁摇风旆，茶客舟船簇雨樯。”茶客即茶商，生动地描写了无为军茶市的兴旺。北宋东京（今河南开封）、成都，南宋行在临安（今浙江杭州）及建康（今江苏南京）、镇江均系规模较大的茶市。元、明、清茶市也有不同程度的发展。茶市的发展，加速了城市化和市民化的进程。但宋代茶市，依然只是官方控制下的商销茶叶流通体制；历经元、明、清的发育、培养，促进了茶商品经济的发展。

最古老的茶市遗址

中国古代最著名的茶市会提到：西汉宣帝神爵三年（公元前59年）王褒《童约》中有“武阳买茶”的记载。但我国考古发现的最早的古代茶市遗址是“玉山古茶场”，位于浙江磐安玉山镇马塘村茶场山下。“玉山古茶场”遗址为全国重点文物保护单位。

晋代道士许逊传播道教文化游历到磐安玉山，研制出具有绿色原质和白毛特色的历史名茶“婺州东白”，并派道徒四处施茶游说。从此，四面八方的茶商纷纷慕名前来收购，玉山茶叶供不应求，渐渐地形成了我国最早的茶叶交易市场。陆羽所著的《茶经》云：“产茶者十三省四十二州，婺州东白者为名茶，大盘山、东白山产者佳，列为贡品。”后来，“茶神”许逊就被千千万万的人顶礼膜拜，千百年来不从间断。每年春茶开摘，茶农便奉上第一株新茶，先祭“茶神”；秋收后，茶农便来拜谢“茶神”，于是便形成两个以茶叶等物质交易、茶文化、民俗文化表演为中心、影响巨大的传统庙会春社和秋社。

宋代，许逊被尊称为“真君大帝”，为纪念许逊的功绩，玉山茶农在茶场山之麓建造茶场庙，塑像朝拜，并在茶场庙附近设置茶场。从此玉山古茶场成为榷茶之地，历代设官监之。从此玉山古茶场成为榷茶之地，历代设官监之，以进御命，称之为“茶纲”。元代，因蒙古人入主中原，玉山茶叶交易一度衰弱。明代，官府在玉山古茶场设立“巡检司”，对茶场实施管理。茶叶等级分为“贡茶、文人茶、马路茶”等，并产生了诸如“分茶”“斗茶”等趣味性的品、鉴、观茶游戏，还评出了茶叶质量最好的茶农为茶博士。

现存的玉山古茶场始建于宋，重修于清乾隆年间，分为茶场庙、茶场管理用房、茶场三大部分，建筑面积1559.57平方米。2004年12月，国家文物局古建筑专家组组长罗哲文在详细考查古茶场后指出：“这种古代市场功能性建筑在国内实属罕见，堪称茶业发展史上的‘活化石’，与古茶场密不可分的一系列茶文化令人称奇，填补了我国文保史上的茶文化空白。‘三大碑’说明玉山古茶场除季节性茶叶交易外，平时还有白术、粮食等商品自由交易，反映了综合市场的特性，同时见证了山区经济发展的轨迹。”

记载最早的塞外通商茶贸易

宋仁宗嘉佑四年（1059 年）弛茶禁，实行通商法，而记载最早的塞外通商茶贸易，是宋神宗熙宁七年（1074 年）遣李杞入蜀，买茶于秦、凤、熙河诸州，用茶易西番各族马匹。遣李杞入蜀置买马司，于秦、风诸州、熙河路设官茶场，规定以川茶交换“西番”各族马匹，才确立为一种政策。南宋吴曾《能改斋漫录》蜀运茶马利宣称：“蜀茶总入诸蕃市，胡马常从万里来。”即是对熙宁、元丰年间，茶马互市成为一种常制以后的描写。

20 世纪初张家口的茶叶集散市场照片。张家口是明清和民国时期中国北方重要的贸易集市，也是对蒙古国、俄国的重要口岸

最有影响的茶叶拍卖中心

“茶叶拍卖”这种方式是目前世界茶叶贸易的主要趋势，通过拍卖交易的茶叶占世界茶叶贸易总量的 70% 左右。印度、斯里兰卡、肯尼亚等茶叶主产国和出口国，都拥有各自的茶叶买卖市场。

成立最早的茶叶拍卖中心，是英国伦敦茶叶拍卖中心。伦敦茶叶拍卖中心以其悠久历史著称于世，在 1837 年的成立，为世界产茶地区销售茶叶开辟了新的渠道。它早期的交易量，约占了世界茶叶成交量的 60% 以上。世界上除了历史悠久的伦敦茶叶拍卖行外，就要数印度加尔各答茶叶拍卖中心，后者无论是拍卖的规模和数量都已超过了前者。每年经拍卖成交的茶叶多达千吨左右，其中 80% 为国外买主所购，

斯里兰卡茶叶拍卖现场

20% 为内销。

斯里兰卡科伦坡茶叶拍卖中心（科伦坡茶叶拍卖行）成立于 1883 年 7 月 30 日，至今已有 128 年的历史。每周拍卖茶叶约 4000 ～ 8000 吨茶叶，是当今世界上最大的茶叶拍卖行。

肯尼亚蒙芭萨茶叶拍卖中心，设在非洲茶叶产区，1956 年 11 月内罗毕拍卖中心成立，是非洲早成立的拍卖市场。

孟加拉国吉大港茶叶拍卖中心，始拍时间是 1949 年 7 月 16 日，发展至今良好，独占了本国的全部茶叶贸易量。

印尼雅加达茶叶拍卖中心。印尼雅加达拍卖市场始拍时间是 1972 年，目前也有较高的成交影响度。

新加坡茶叶拍卖市场，新加坡茶叶拍卖市场于 1981 年 12 月 2 日拍下槌。由于新加坡特殊的港口优势，当时被业内普遍看好。

阿联酋迪拜国际茶叶贸易中心，该中心成立于 2005 年 5 月，设立了供全球茶叶生产商和进口商进行茶叶贸易的便利化设施。

最早的茶银行

中国丝茶银行是一家以发展茶叶、丝绸为宗旨的专业性商业银行，总部设于天津，其货币流通于华北地区。

中国丝茶银行是由天津巨商张子清等筹设，创办于天津，1925 年 12 月批准，1926 年 1 月开业，属于股份公司性质。

中国丝茶银行资本 500 万元，实收 125 万元，经政府特许有纸币发行权，共计发行 1925 年版 1、5、10 元券三种，另有 1927 年版 1、2 角样票。该银行纸币图案的专业性非常明显，即正面为采茶图，背面为抽丝图，背面还印有 1925 年 8 月 15 日的日期。加盖地名主要有天津和北京，但也有郑州和保定地名。

该业务于 1928 年 5 月结束，存在仅 2 年零 4 个月。

中国茶叶博物馆收藏了中国丝茶银行发行的三种纸币（1 元券、5 元券、10 元券），纸币正面图案为采茶图，背面为巢丝图并印有 1925 年。

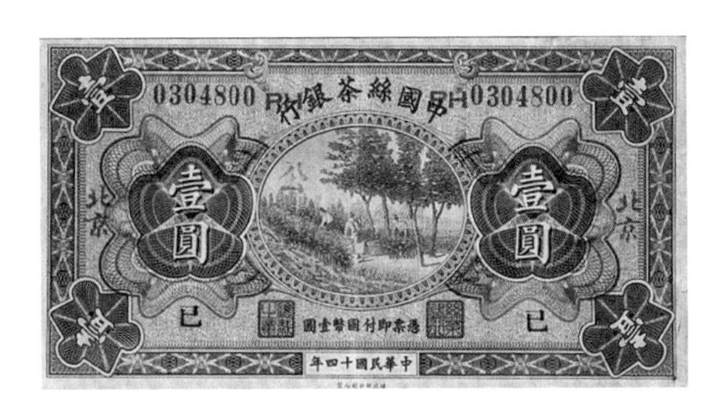

中国丝茶银行发行的三种纸币，现藏于中国茶叶博物馆

全球最大的茶叶品牌

“立顿（Lipton）”是全球最大的茶叶品牌。据《经济日报》驻伦敦记者报道，2019年立顿红茶销售额达28亿美元，按照当时的汇率，约合人民币198亿元。

1890年，立顿创始人托玛士·立顿爵士到锡兰（今斯里兰卡）寻找优质茶叶。在斯里兰卡，他将茶叶种植变成了一种精细高贵的艺术，而经过其拼配的茶有一种独特清新的风味。在“从茶园直接进入茶壶的好茶”广告诉求的引导下，立顿爵士通过努力让茶成为深受英国大众欢迎的饮品，其质量高，且价格适中。一百多年来，立顿茶叶始终保持着历代相传的优良品质和芳香美味，如今行销于全球110个国家和地区。

19世纪立顿品牌在科伦坡

现存最古老（久远）的对外贸易茶样本

1698—1699 年，英国人詹姆士 · 坎宁安（? —1709 年）以随船外科医生的身份，参与了一次私人贸易旅行到达中国厦门。1700—1703 年他还跟随东印度公司到中国中山，他带回到英国来自中国的茶叶，其中保留的 1 ～ 2 盎司[3] 干燥的茶叶，现存于伦敦自然历史博物博馆的达尔文中心。

在伦敦自然历史博物博馆的达尔文中心这份来自中国的茶叶，它的编号是“植物样本 857”，被放在一个 6 英寸[4] 盒子里，茶叶呈弯曲的外形和脆弱的质地，绿色和棕色斑驳相间。盒子里的茶叶上掩着两张小纸片，上面留有 18 世纪黑棕色墨水的笔迹。其中一张上面写着“一种来自中国的茶叶”，另一张则标注着它的分类编号“857”。

“植物样本 857”是独一无二的自然遗留物质，它见证了 300 多年的茶叶对外贸易的发展，是现存最古老的对外贸易茶样本。

3　1 盎司 =28.35 克。

4　1 英寸 =2.54 厘米。

现存最早的茶商业广告

世界上第一个茶叶文字广告，出现在 1658 年英国伦敦的《政治和商业家》(《政治快报》) 报上。

1607 年（明神宗万历三十五年），由荷属东印度公司将中国茶第一次输入欧洲，1615 年英国文献中就有了关于茶的记载，

1650 年前后已有英国人偶尔饮茶。当时英国人消费的茶叶都来源于中国，最早是从荷兰商人那里转运来的，“已被端上伦敦保护区上流社会的餐桌”。

1658 年 9 月 23 日，一个名叫托马斯 · 加威的商人在英国伦敦的新闻周刊《政治和商业家》(《政治快报》) 报上首次登发茶的商业广告，是现存有实物的最早的茶商业广告（注：1652 年出现了第一个咖啡广告，1657 年出现了第一个巧克力广告)。

广告原文如下:

> The Excellent, and by all physicians approved, China Drink, called by the chinese Tcha, by other nations Tay alias Tee, is sold at the Sultaness-head, a coffee shop in Sweetings Rents by the Royal Exchange, Lodon.

大意为:“由各医师证明品质优异的中国饮料，中国人称茶，其他国家称为 Tay 或者 Tee，现在伦敦皇家交易所附近的维汀斯—润茨街上的‘苏丹王妃’咖啡馆出售。”

这是第一次在报上宣传茶叶的广告，用了“The Excellent, and

by all physicians approved”这类修饰词语，登了一个星期之久。

现存最早的茶商业图片广告是：“活着的茶叶”——霍奇森“茶叶货栈”在报纸上的广告，广告是报纸带有插图的宣传单，制作登发于1787—1796 年间。

从这张广告可以得知约翰 · 霍奇森的“茶叶货栈”位于上流社会集中的伦敦西区，具体是在图腾汉厅路一新建街道的拐角处。广告上有一只长相怪异的分节昆虫，它正在一片上下起伏的山地形上爬着。山地毫无特色，不过在地平线处有一幢圆形的多层建筑，正是一座中国古塔。这只昆虫头部向上高抬，抖动着触须。这只昆虫有七支翅膀，但它的附肢跟欧洲会飞的昆虫长得都不一样，有五支翅膀不像翅膀更像树叶，上面有清楚的叶脉，边缘呈不太锋利的锯齿状。卡片的最上面是一条横幅，上面写着“活着的茶叶”。18 世纪早期，欧洲人就是这样称呼茶叶的。这只昆虫下边是一个带有漩涡花饰的卷轴，卷轴上写有霍奇森茶叶店铺的地址，并保证顾客能在此买到最纯净的、真正的、不掺杂的茶叶。这个画轴下面的部分稍微向上卷起，好像是在赋予看见它的人一种特权，好让他们进人一个藏在后面的密室：在画轴的下面有四个木箱子，箱子上面盖的是中国邮戳。

20 世纪 50 年代中国天津茶庄广告

中国百年茶叶出口贸易最高峰

1886 年（清光绪十二年），中国茶叶出口 13.41 万吨，达到历史最高峰，继续保持着世界第一大茶叶出口国的地位。其中红茶 10 万吨，绿茶 2.19 万吨，其他茶 1.22 万吨。随着印度、锡兰（今斯里兰卡）茶叶产量的迅速提升，中国茶叶出口开始下滑，至 1889 年，中国茶叶对英国出口首次被印度茶叶超过，是年中国为 4.1958 万吨，印度为 4.2864 万吨。

2019 年，中国国内市场销售茶叶 202.56 万吨，占年产量的 72.5%，内销额 2739.5 亿元。2019 年茶叶出口 36. 7 万吨，占 2019 年毛茶产量的 13.1%，外销额 20.2 亿美元，按现在的汇率算，约合文人民币 142.8 亿元。中国是世界第二大茶叶出口国。

8 民衆經濟叢書

菲律濱等地也都不少.

六 關於中國絲業應注意的幾點 綜觀上述,可以知道中國的絲業非但是不能發達,而且日趨於衰頹,其最大原因,乃是一般育蠶者大都是知識幼稚,迷信於保守,政府非但不去教育和領導他們,而且奸商土著互相勾結着在育蠶者身上剝削,使得一般育蠶者不能够依靠育蠶度生活.日意等國的育蠶者,每一英兩蠶子養育下來的結果,可以得到繭子一百十磅至一百三十磅.在中國只可得到十五磅至二十五磅.其他在繅絲經絲以及紡織種種方面,總覺得工具的粗笨,技術的不良.中國雖有二十多年蠶業教育的歷史,可惜規模不大,沒有什麽成效可言.惟其如是,目前的要務,首須政府

中華書局印行

中國三大產物絲茶豆 9

實力來提創蠶業教育,一方面灌輸養蠶的學識給羣衆,一方面奬勵之.而蠶業教育的內容,如種子的選擇,食料的選擇,病症和治療及其他許多重要問題,都須專門人才研究而解決之.

二 茶

一 茶業的略史 前二千四百年的時候,中國已經有茶.茶的運銷到國外去,歷史上可以考察的,在一千七百六十八年算最早,那時英東印度公司從中國運茶四千七百十三磅到英國.這不過是一種試辦,一般的心理,也當做藥品似的.綠是銷路非常的廣,年盛一年,到一千八百八十六年,華茶的出口額達三萬萬磅,那時全世界茶的貿易量,中國佔百分之九十六,印度

中華書局印行

《中国三大产物丝茶豆》中论及 1886 年中国茶出口占世界茶贸易量 96%（中华书局，1930 年）

20 茶政

- 历时最久的茶政
- 历史上最著名的茶马古道
- 最早的茶法
- 茶马互易最早兴起的时间
- 茶税最早兴起的时间
- 榷茶最早兴起的时间
- 茶引最早兴起的时间
- 茶政碑刻遗存最多的地方

历时最久的茶政

贡茶（古代中国朝廷用茶）的缘起与中国古代建立的封建制度密切相关，实质是封建社会的君主对地方有效统治的一种维系象征，也是封建礼教的象征。

贡茶在中国古代历史悠久，是贡制中的一种。贡茶对整个茶叶生产的影响和茶叶文化的影响是巨大的。

据史料记载，贡茶起源于西周，迄今已有三千多年历史了，《华阳国志·巴志》载："周武王伐纣，实得巴蜀之师。"巴蜀作战有功，册封为诸侯，作为封候国向周王朝纳贡的有"土植五谷……茶……"，但这仅仅是贡茶的萌芽而已，既未形成制度，更未历代相沿袭。

随着贡品需求量增大，贡赋制度逐渐变得严密起来。从"随山浚川，任土作贡"，最后发展到设官分职进行管理。茶叶为"物贡"中的一类，到了西汉时期明朗化。汉景帝阳陵"太官坑"存茶叶植物实物，长沙马王堆西汉墓中出土的"槚笥"字和茶叶植物实物，汉伶元撰《飞燕外传》中述："成帝崩后，后夕寝中惊啼其次。侍者呼问，方觉，乃言曰：'吾梦中见帝，帝赐吾坐，命进茶。左右奏帝云，向者侍帝不仅，不合啜此茶'"，都反映了茶已成为朝廷用茶的地位。

三国时期，吴国末帝孙皓，每为食宴"无不竟日，坐席无能否，率以七升为限，虽不悉入口，皆浇灌取尽。曜素饮酒不过三升，初见礼异时，常为裁减，或密赐茶荈以当酒"，这些用茶无疑属于贡品。后来，又有"晋温峤上表贡茶干印，茗三百斤""温山出御荈"的记载。

唐代贡茶制度有两种形式：一种是朝廷选择茶叶品质优异的州定额

纳贡，如（唐）李吉甫《元和郡县志》记载：“蒙山在县西十里，今每岁贡茶，为蜀之最”；唐代宗广德年间湖州长兴顾渚山与常州阳羡茶同列贡品。另一种是选择茶树生态环境得天独厚自然品质优异、产量集中、交通便捷的重点产茶区，由朝廷直接设立贡茶院（即贡焙制），专业制作贡茶，如：大历五年（770 年）在长兴顾渚山建构规模宏大、组织严密、管理精细、制作精良的贡茶院，它是我国历史上第一座国营茶叶加工厂。

入宋，贡茶沿袭唐制，但顾渚贡茶院渐趋衰落，福建建安（今建瓯）境内凤凰山“北苑龙焙”代之而大兴，其规模也很壮观，名声显赫，“自南唐岁率六县民采造，大力民间所苦”“官私之焙三百三十有六”。片茶压以银模，饰以尤凤花纹，彬彬如生，精湛绝伦。“小团凡二十饼重一斤，其价值金二两”。

入元明，贡焙制有所削弱，仅在福建武夷山置小型御茶园，定额纳贡制仍照实施。

清代前期，虽然采取历代产茶州定额纳贡制，但到中叶由于社会商品经济的发展、经济结构中资本主义因素进一步增长，贡茶制度则随之逐渐消亡。

历史上最著名的茶马古道

茶马古道起源于古代的“茶马互易”。茶马古道是以茶马互易（茶马互市）为主要内容的古代商道，历经汉、晋、隋、唐、宋、元、明、清，是中国历史上最为著名的西部国际贸易古通道之一。

中国古代的茶马古道线路走向的形成，一是伴随汉代的古丝绸之路而发展，二是伴随茶马交易治边制度实践而发展。茶马古道最开始的路道主要是人畜小道，是由人畜（包括马帮）长期行走自然形成的。

史料记载，早在南北朝时期，中国茶叶就已经开始向海外传播。当时在与蒙古毗邻的边境，中国商人通过“以茶易物”的方式，向土耳其输出茶叶。到了隋唐时期，随着边贸市场的发展壮大，再加上丝绸之路的开通，中国茶叶以“茶马互市”的方式，经西域向西亚、北亚和阿拉伯等国输送，中途辗转西伯利亚，最终抵达俄国及欧洲各国。伴随汉代及汉之后的古丝绸之路而发展，形成了两条重要的茶马古道：陕甘茶马古道，这是中国内地茶叶西行并换回马匹的主道，是古丝绸之路的主要路线之一。陕康藏茶马古道（蹚古道），始于汉代，由陕西商人与古代西南边疆的茶马互市形成。由于明清时政府对贩茶实行政府管制，贩茶分区域，其中最繁华的茶马交易市场在康定，称为蹚古道。

茶马交易治边制度从隋唐始，据史料记载，唐初时，吐蕃在青藏高原崛起南下，在中甸境内金沙江上架设铁桥，打通了滇藏往来的通道。宋代，“关陕尽失，无法交易”，茶马互市的主要市场转移到西南。元朝，大力开辟驿路、设置驿站。明朝继续加强驿道建设。清朝将西藏的邮驿机构改称“塘”，对塘站的管理更加严格细致。清末民初，茶商大增。始于隋唐的茶马古道线路主要也是有两条：川藏茶马古道，从四川雅安出发，经泸定、康定、巴塘、昌都到西藏拉萨，再到尼泊尔、印度，国内路线全长 3100 多千米；滇藏茶马古道，从云南普洱茶原产地（今西双版纳、思茅等地）出发，经大理、丽江、中甸、德钦，到西藏邦达、察隅或昌都、洛隆、工布江达、拉萨，然后再经江孜、亚东，分别到缅甸、尼泊尔、印度，国内路线全长 3800 多千米。在两条主线的沿途，密布着无数大大小小的支线，将滇、藏、川“大三角”地区紧密联结在一起，形成了世界上地势最高、山路最险、距离最遥远的茶马文明古道。如今，丽江古城的拉市海附近、大理州剑川县的沙溪古镇、祥云县的云南驿、普洱市的那柯里是保存较完好的茶马古道遗址。

2013 年 3 月 5 日，茶马古道被国务院列为第七批全国重点文物保护单位。

云南茶马古道鲁史段

最早的茶法

最早的茶法是颁行于中国古代唐朝的“茶法十二条”。

唐自贞元九年（793 年）开征茶税以后，随税额的增加，茶税在唐代财政收入中也日显重要。到了唐文宗开成元年（836 年），中书侍郎李石鉴于当时茶税混乱、私茶横行的情况，提出复行贞元茶叶税制的建议。至大中六年（852 年），裴休以兵部侍郎领诸道盐铁转运使，提出并制定“宽商严私”的“茶法十二条”。《新唐书 · 食货志》载：“私鬻三犯皆三百斤乃论死，长行群旅茶虽少皆死，雇载三犯至五百斤、居舍侩保四犯至千斤者皆死；园户私鬻百斤以上杖脊，三犯加重徭。伐园失业者，刺史、县令以纵私盐论。”裴休茶法十二条颁行后，商良均以为便，天下茶税，增倍贞元。为保障国家茶利、防止打击私贩以及为五代两宋和后来的茶法建设，起到了积极作用。

中国历史上最早一部茶法成典，则成于宋朝，即大中祥符二年

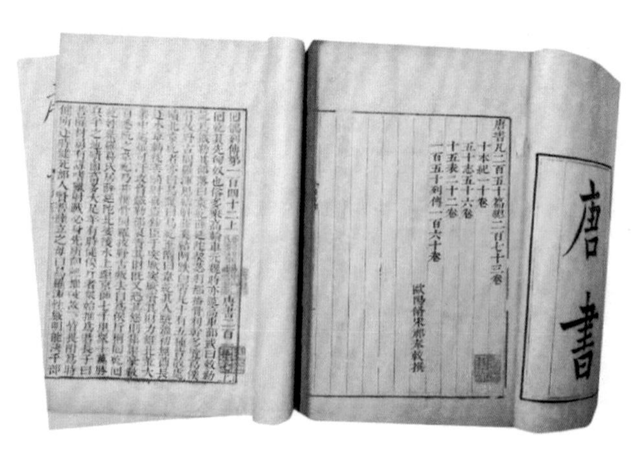

《新唐书 · 食货志》

（1009 年）由三司盐铁副使林特等主编的《茶法条贯》，选集宋初以来有关诏令二百九十七道，编为二十三册。其后，仅著录的茶法汇编就有二十余部，既有适用于全国范围的，也有适用于一路、一州、一县、一司乃至某一茶场库务的；既有行之全国的茶法大典，也有专题性的法规、条例、律令。其中比较完整保存下来的《政和茶法》，又称“合同场法”，南宋整个朝代一直奉行。

《政和茶法》也是完整保存至今的中国最早的一部茶法。

茶马互易最早兴起的时间

唐高祖武德八年（625 年），唐朝派广德郡公李安远来青海（今青海湖东岸日月山）与吐谷浑政权修好，双方达成互市协议，《旧唐书 · 李安远传》记载：“使于吐谷浑，与敦和好，于是，土谷浑主伏允请与中国互市，安远之功也。”

唐玄宗开元十九年（731 年），占据青藏高原的吐蕃政权，要求与唐划界互市，交马于赤岭（今青海湖东岸日月山），互市于甘松岭（今四川松潘县）。《吐蕃传》记载：“开元中，（吐蕃又）请交马于赤岭，互市于甘松岭。”《方舆纪要 · 陕西十三 · 西宁镇》详尽叙述：“开元十九年，吐蕃请交马于赤岭，互市于甘松岭，宰相裴光庭曰：‘甘松中国之阻，不如许赤岭。’乃听以赤岭为界，表石刻约。”唐玄宗开元二十二年（734 年），唐与吐蕃遣使于赤岭划界立碑，并正式确定赤岭为入藏道上的重要边防关隘，定点互市，双方保证：“不以兵强而害义，不以为利而弃信”，赤岭遂成为唐蕃古道上的重要贸易集市。当时吐蕃王朝已设有商官管理市场贸易，并专门派官员到长安经营茶叶贸易，称为“汉地五茶商”，是为中国历史上最早的茶马互市（易）。据《汉藏史集》载：“墀松德赞时（755—797 年）吐蕃买茶叶的、卖茶叶的以及喝茶的人，数目很多。”

唐肃宗至德元年（756 年）至乾元元年（758 年），在蒙古的回纥地区驱马茶市，“回纥入朝，始驱马市茶”是中国历史上最有名的“茶马互市（易）”。

唐李肇《国史补》下卷也记载：“唐德宗建中二年（781 年）监察御史常鲁公（即常伯熊）出使吐蕃，烹茶帐中，赞普问曰‘此为何物？’鲁公曰：‘涤烦疗渴，所谓茶叶。’赞普曰：‘我处亦有。’遂命出之，以指曰：‘此寿州者，此舒州者，此顾渚者，此蕲门者，此昌明者，此浥湖者。’”

唐德宗贞元（785—805年）年间，封演在《封氏闻见记》中称：“茶‘始自中原，流于塞外。往年回鹘入朝，大驱名马，市茶而归’。”

中国古代的“茶马互易”从唐代兴起。茶马互易（也称茶马互市）是封建王朝中央与边疆少数民族地区之间实行的一种特殊茶叶政策，以期达到了“以茶驭番”“羁縻”治边的效果。宋代的茶马贸易在规模、数量上达到了新的高度。

宋代，在北方相继出现了少数民族建立的辽、夏、金政权，长期与宋作战，威胁着宋的安全。宋神宗（1067年）即位后，听从王安石建议，加强了对茶马互市的控制，正式开始以茶博马。易马的茶叶就地取于川蜀，并在成都、秦州（今甘肃天水）各置榷茶和买马司，经办购运川茶赴秦、凤（今陕西凤翔）、熙（今甘肃临洮）、河（今甘肃临夏）易马。宋神宗元丰四年（1081年），进一步将“榷茶司”“买马司”合并为大提举茶马司（简称茶马司），全面负责茶马交易与市场监督，进行一些抽取税赋的管理，正式建立起一套行之有效的茶马互易制度。

为了有效地缓解朝廷在整个互市过程中的压力，促进商品经济的活跃和流通，降低成本，鼓励部分商人进行茶叶的运输，宋徽宗崇宁元年（1102年）年推行“引茶法”，允许通过办理茶叶专卖证“茶引”，凭借茶引领取额定茶叶，将规定的茶叶任务完成后，上完税赋，夹带的剩余茶叶可以任其自由买卖。

在元代时，官府废止了宋代时期实行的茶马治边政策，统一实行茶引法。

明代，政府制订茶法和马政，在西宁、河州（今甘肃临夏）、洮州（今甘肃临潭）等西北边地重镇设茶马司，在北部的宣府、大同、张家口和东北的广宁（今辽宁北镇）、开元、抚顺等地设茶市、马市，推行严格的茶叶征税法和马匹摊派法，交易双方必须在固定的官市上按照规定的茶马比价进行交易。实际上成为明王朝的一种“以马代赋”制度，用以控制、剥削少数民族，并攫取战马。明太祖洪武年间，上等马一匹最多换茶叶 120 斤。明万历年间，则定上等马一匹换茶三十篦，中等二十，下等十五。明代文学家汤显祖在《茶马》诗中这样写道：“黑茶一何美，羌马一何殊”“羌马与黄茶，胡马求金珠。”足见当时茶马交易市场的兴旺与繁荣。

到了清代时，茶马治边政策有所松弛，雍正十三年（1744 年），终止官营茶马交易制度，采取了不再征收牧民马匹和允许民间自由贸易的政策，延续了近千年的茶马互市制度遂告终。

茶税最早兴起的时间

茶税，是随着茶叶生产发展和茶叶市场的开辟而形成的一种国家税制。茶税，即茶叶税收，为历代官府搜刮民财、压榨茶农的一大手段。

据《唐会要·杂税》记载：德宗建中元年（780 年）户部侍郎赵赞奏请“诸道津要，都会之所，皆置吏，阅商人财货……天下所出竹木茶漆，皆什一税之，充常平本钱”，但被驳回。建中四年（783 年），赵赞又以“军需迫蹙，常平利不集时，乃请税屋间架，算除陌钱”而再次请求行税茶之法。德宗很快就采纳了这一建议，由负责对盐铁征税的盐铁转运使主管茶务。唐德宗兴元元年（784 年）一度废除茶税。唐贞元九年（793 年），盐铁转运使张滂创立税茶法，凡出茶州县和茶山，就地征税。茶商往来要道，收运销税，以三等定估，十税其一。唐德宗历史性的决定向茶叶征税，形成定制，把茶税固定下来，列为中央财政收入，史称“初税茶”。这是记载最早的对茶课税的史料。

唐德宗贞元九年（793 年）始，我国历史上最早的茶税开征，当年始收入 40 万贯。此后，茶税渐增。唐文宗大和年间（827—835 年），江西饶州浮梁是全国最大的茶叶市场，“每岁出茶七百万驮，税十五余万贯”（《元和郡县志》卷二八《饶州浮梁县》）。唐代大诗人白居易在《琵琶行》中，还写下了“商人重利轻离别，前月浮梁买茶去”的著名诗句，反映了当时贩茶是十分有利可图的买卖。据《新唐书·食货志》记载：唐文宗开成年间（836—840 年），朝廷每年收入矿冶税不过 7 万贯，抵不上一个县的茶税。到唐宣宗时（846—859 年）“天下税茶，增倍贞元”，年茶税收入达 80 万贯。这一时期最大的商税收入是盐税，每年都是 600 万贯，茶税已发展成为唐朝后期财政收入的一项重要来源。

由于诸道关卡林立，茶税苛重，流通渠道不畅，市场供应偏紧，私贩茶叶就更有利可图。大中五年（851 年），湖州刺史杜牧上书：几千万辈尽贩私茶，亦有已聚徒党。大中六年（852 年），盐铁转运使裴休立“茶法十二条”。其中有“厘革横税，以通舟船”，禁止各州层层设卡，使“商旅既安，课利自厚”保护了商人利益，有利于促进滴品流通，但对私贩的处罚极其严酷。

茶税，自正式开征，经过宋朝的进一步发展，元、明、清三代一直沿袭下来。

宋朝茶税比唐代茶税的剥削更为残酷。宋太宗太平兴国二年（977 年）设榷茶场，规定岁课作税输租，余则官悉市之。宋真宗景德三年（1006 年）实行“三税法”（就是官府对商人虚估给卷，以茶作税。这样做，商人得利大，不利官府）。宋仁宗天圣元年（1023 年）改行“贴射法”（就是茶商与茶农交易，官府以实物向园产征收茶叶，向茶商收息钱）。宋高宗建炎一年（1128 年）变更茶税法，为向茶商出售称为“引票”的特许证，规定茶商每斤茶定额“引票”，春茶收引钱 70 钱，夏茶收引钱 50 钱，另加贩运钱 1 ～ 1.5 钱。宋高宗绍兴年后，茶司马又增加引钱，致使民众悲绝。

元朝茶税，废除了榷茶制，改为“引票”制。“引票”制最早实行于元世祖中统二年（1262 年）。茶税也年年增加。茶税苛重，商贩售茶价就高，造成百姓无力购买，销路受阻，茶叶生产惨遭破坏，茶农忍无可忍，起而反之。

明朝茶税，实行的是“榷茶引税”两制并行制。以榷茶易马为主，收税为辅。明初招商中茶，上引 2.5 吨，中引 2 吨，下引 1.5 吨。每 3.5 公斤蒸洒 1 箱运至茶司，官商对分，官茶易马，商茶给卖。中茶有引由，产茶地皆有税。明洪武（1370 年），税率为“茶引”，一道纳铜钱千文，熙茶 30 公斤。

清朝茶税，清初仍实行榷茶引税并行。康熙二十二年（1684 年），茶税范围广，税率高，正税之外，还有厘金。每引茶税，低者 1 钱 2 分 9 厘 3 毫，商者 3 两 9 钱至 10 两 5 钱。到清末，战乱不息，茶叶贸易以税收为主，增加库入，补助地方行政费用。16 世纪，外国资本入侵中国，鸦片战争爆发后，外国资本家与内地官僚地主买办相勾结，对茶行、茶栈、茶客、茶贩大肆盘剥，茶农受尽其害，茶叶生产衰落。

榷茶最早兴起的时间

“榷”的本义是“一种外形似鹤颈的城门吊桥”，活动的独木桥。《说文》中“榷，水榷横木，所以渡者也”；《初学记》有“独木之桥曰榷”；史记·五宗世家》：“韦昭曰……榷者，禁他家，独王家得为之。”古代引申为专利、专卖、垄断，以指某些商品的专营专卖。《汉书·车千秋传》载：“自以为国家兴榷筦之利。注：‘榷，谓专其利使入官也。’”如：榷茶（由官方专卖茶叶，以独占其利）；榷货（由官方专卖货物而享专利）；榷酤（由官方专利卖酒）；榷盐（由官方专卖食盐）。

榷茶，起始于唐代，是中国唐代以后多个朝代所实行的一种茶叶专卖制度。“榷茶制”，是由中央政权统管的茶叶专营制或专卖制，是中央强制垄断茶叶市场，继而取得相应的利益，也是掌握课征茶税的方式。

唐代茶叶生产得到了大发展，“尚茶成风”“比屋皆饮”“山泽以成市，商贾以起家”（购销两旺，商贾利润丰厚）。安史之乱（755—763 年）后，朝廷财政收支矛盾日益突出，国库日渐空虚，因而效法禁榷制度，榷茶。《旧唐书·穆总本纪》载：“加茶榷，旧额百文，更加五十文。”

唐德宗建中四年（783 年），户部侍郎赵赞敏锐地看到，饮茶风气已在百姓中普遍形成，茶已同盐、铁一样为百姓日常所需，有利（官利）可图，便向德宗提议“税天下茶漆竹木，十取其一”“每贯税二十文，竹、木、茶、漆皆什税一”。德宗很快就采纳了这一建议，由负责对盐铁征税的盐铁转运使主管茶务。当时除茶之外，还有漆、竹、木等也被列为征税对象。茶税之法从此被建立起来。嗣后唐节度使郑注首倡榷茶，令“江湖百姓茶园，官自造作”，但朝廷没有采纳他的建议。

而茶政的真正奠基则是在唐德宗贞元九年（793 年），盐铁转运使张滂以水灾赋税不登，又向德宗奏请“于出茶州县，及茶山外商人要路。委所由定三等时估，每十税一，充所放两税”。张滂创立税茶法，形成定制，就是官府通过严格监管，允许茶园茶户与商人直接交易实现间接垄断茶叶收购环节的榷茶制度。《原纂本清史食货志·茶马》表述为：“唐张滂奏请税茶以待水旱之阙，德宗从之，沿为国赋，制与盐等矣。”

唐文宗太和九年（835年）出现了中央政权的茶叶专卖制度，即榷茶制：“王涯献榷茶之利，乃以涯为榷茶使，茶之有榷，自涯始也”。但王涯因宫廷内乱被腰斩处死，榷茶制昙花一现。直到唐武宗时期（814—846年）崔洪任盐铁使，又再次提出在以前的基础上增加茶税。“禁民私卖”，榷茶方成制度。上行下效，茶商所过州县，也均设重税。他们在水陆交通要道，相效“置邸以收税，谓之塌地钱”。稍有不满，便“掠夺舟车”，犹如强盗一样，这时私茶越禁越盛。茶叶的商税，成为一个突出的社会矛盾。

唐宣宗大中六年（852年），裴休任盐铁转运使，立茶法十二条，榷茶制这才缓和稳固下来。

宋代榷茶，开始于宋太祖建隆三年（962年），根据《续资治通鉴长编》卷三建隆三年正月丁亥条，“以监察御史刘湛为膳部侍郎，湛奉诏榷茶于蕲春，岁入倍增”。当时宋境内产茶的淮南四十州并没有榷茶，而榷茶于蕲春，主要的目的还不是税而就是要防止南方商人操纵中原利权。

宋太祖乾德二年（964年），开始明确实行榷茶制度，但这一制度仅限于江淮、东南一带，“川陕、广南，听民自买卖，禁其出境”。但随着与西夏、辽、金的战争开支巨大，财政压力吃紧，又需要用茶叶与游牧民族交换马匹，主产于南方的茶叶，就成为重要的经济作物和战略物资，在税收和流通管理上都进一步受到重视。榷茶制度不断扩大范围，朝廷在全国各地产茶区设立的榷山场也在不断增加，最终在全国共设榷货务6处、榷山场13个，即“六榷务十三场”，处理各地茶政。榷货务主管茶叶流通与贸易，榷山场即官茶场，负责茶叶生产、收购和茶税征收。沈括《梦溪笔谈》载：“乾德二年，始诏在京、建州、汉、蕲各置榷货务。五年，始禁私卖茶。”

元代榷茶，沿用宋制榷茶。元世祖至元五年（1268年），用运使白赓言，榷成都茶，于京兆、巩昌置局发卖。元世祖至元六年设立西蜀四川监榷茶场使司，管理榷茶。之后，元代执行榷茶的总机构是置于江州的江州榷茶都转运司或称江西等处都转运司。江西都转运司为发放引据之处，它与分布产茶区的若干提举司在“散据卖引”之外，同时执行“规办国课”的使命，被称作“场务官”，由此形成了较宋代“卖引法”更为重叠而严密的管制网。

明代榷茶，袭元制，也行禁榷。据《明会典》载：“明初招商中茶，分上引、中引下，上引五千斤，中引四千斤，下引三千斤引茶运至茶司，官商对分，官茶易马，商茶给卖”，不仅榷茶制仍在实施，而且税赋也急剧增加。

清代榷茶，仍沿用明末制度，商人请引纳税，自行买卖。清顺治时，商人向官府申领引票，然后才可买茶。买的茶要先交茶马司，一半入官易马，一半给商人发卖。到清嘉庆年后，茶税更加沉重。

茶引最早兴起的时间

宋代茶法分通商和榷禁两种。通商，即征收茶园户的租税和商人的商税，准许自由贸易。东南地区榷茶最初实行的是交引法。宋代榷货务和山场不断变更，至宋太宗太平兴国年间（976—984 年），相对稳定为六榷务十三场。

茶引（又称护票，是茶商缴纳茶税后，获得的茶叶专卖凭证，是茶商获准销售茶的凭证），实际是“榷茶制”的发展和深化。宋徽宗崇宁元年（1102 年）宰相蔡京上奏推行“引茶法”；崇宁四年（1106 年）蔡京进一步改革茶政，完善了“引茶法”，茶引制度基本成形，至此，宋代榷茶制度也就基本稳定下来了。

“茶引制”规定，经营茶叶贩运的茶商要先到“榷货务”交纳“茶引税”，购买“茶引”后，凭“茶引”到园户（茶农由榷山场管理，称为园户）处购买定量茶叶，再送到当地官办“山场”查验，并加封印后，茶商按规定数量、时间、地点出售。官府从园户处低价收购重秤进，给商人则高价出售轻秤出，双利俱下，以获取高额利润（称为息钱或净利钱）。“茶引”分长引和短引两种。长引在商人交纳银钱边粮以后，由榷货务发引自买于园户，然后返销引面注明的远方州

清代茶商贩茶

军。短引只限于产地和邻近州县出售。

宋徽宗政和二年（1112 年），蔡京对茶法做了大修改，完善榷禁，推出新茶法，史称“政和茶法”，该茶法使茶引制度更加严密和完备，其把茶叶产销完全纳入榷茶制的轨道，同时也给予园户和商人一定的生产经营自主权，调动了他们的积极性。据《宋史 · 食货志》载：“自茶法更张至政和六年，收息一千万贯，茶增一千二百八十一万五千一百余斤”，足见政和茶法实施对茶叶生产和流通起到的促进作用。

元代沿用宋制榷茶。元代不缺战马，废除了茶马法，统一实行茶引法，中央户部主管全国茶务，并置印造茶盐等引局印制茶引。茶商须购买“茶引”，凭“茶引”始能通行货卖茶叶，由产茶地所设茶运司、提举司执掌发引事。元世祖至元十三年（1276 年），立茶法，定长引、短引之制（“长引”行销外路，限期一年；“短引”行销本路，限期一季）。元世祖至元十七年（1280 年），废长引，专用短引。茶法极严，茶商通货所到处须随处验引；凡无引贩卖私茶或转让茶引、涂改字号、增添斤重、引不随茶者罚（杖 70，茶一半充官，一半付告人充赏；伪造引者处死，家产付告人充赏）。

明代由中央户部主管全国茶务，确定课额，并设巡察御史以惩办私茶，设茶课司、茶马司办理征课和买马，设批验所验引检查真伪。其茶法分商茶和官茶。榷茶征课曰商茶，贮边易马曰官茶。商茶行于江南，官茶行于陕西汉中和四川地区。商茶允许商人买引贩卖，官茶必须保证买马需要。商茶均实行引法。中央户部将茶引付产茶州县发卖。

清代沿明制，仍分官茶和商茶。其管理制度与明略同。官茶行于陕、甘，储边易马。商茶行于南方产茶各省。中央户部颁发茶引、分发产茶州县发卖。产茶较少地方亦有不设引，由茶园户纳课行销本地者。广东、广西产茶极少，北方各省不出产茶叶，均不颁引。清末大部分地区废引，西藏，陕甘至民国时亦废。

茶政碑刻遗存最多的地方

湖南省益阳市是中国古代茶政碑刻遗存最多的地方。

茶碑刻包括如下内容：

明万历四十五年茶法禁碑（无碑，据林之兰《明禁碑录》记载）；

明天启七年茶法禁碑（无碑，据林之兰《山林杂记》记载）；

清康熙四十三年茶规碑（缺碑及碑文，据《清道光十七年唐家观九乡公立茶务章程碑》《咸丰元年唐家观永禁假茶残碑》记载）；

清雍正八年苞芷园茶业禁碑（无碑，据彭先泽《安化黑茶》一书）；

清嘉庆五年苞子园斗秤禁碑（有实物）；

清嘉庆廿四年江南洞市鹞子尖陶澍捐款题名碑（有实物）；

清道光二年刘公铁码铭文（有民间收藏实物）；

清道光四年奉上严禁茶规碑（有实物）；

益阳安化茶碑

清道光四年唐家观奉上严禁茶规碑（有实物）；

清道光十一年唐家观通乡公议规程碑（有实物）；

清道光十七年唐家观九乡公立茶务章程碑（有实物）；

清道光十七年高马二溪五团公议禁碑（有实物）；

清道光廿六年江南洞市座子坳茶商罚碑（有实物）；

清咸丰元年唐家观永禁假茶残碑（有实物）；

清同治六年沿河章程碑（有实物）；

清同治七年水田坪村永定茶规碑（有实物）；

清同治九年厘定大桥仙溪龙溪九渡水采买芽茶章程（无碑，清同治《安化县志》有刊载，另民间收藏《保贡卷宗》有记载）；

清光绪三年江南洞市座子坳茶商罚碑（有实物）；

清光绪六年江南永兴茶亭序并公议条规碑（有实物）；

清光绪廿二年浮青鏊字岭茶叶禁碑（有实物）；

清代九渡水保与泙溪保贡茶界碑（有民间收藏实物，年代不详，当为清代晚期）；

清光绪卅二年东坪水田坪九乡公议茶业禁碑（有实物）；

清光绪卅二年江南洞市五龙山天缘寺章程碑（有实物，不全）；

民国八年安化县前知事朱恩湛奉民政司批准立案厘定黑茶章程十则（有实物）；

民国卅二年湖南私立修业高级农业职业学校协进堂捐产碑（有实物）。

21 茶传播

- 日本最早的茶
- 朝鲜最早的茶
- 蒙古最早的茶
- 俄罗斯最早的茶
- 印度最早的茶
- 意大利最早的茶
- 葡萄牙最早的茶
- 中国茶最早在欧洲
- 德国最早的茶
- 英国最早的茶
- 法国最早的茶
- 荷兰最早的茶
- 马来西亚最早的茶
- 缅甸最早的茶
- 斯里兰卡最早的茶
- 巴基斯坦最早的茶
- 泰国最早的茶
- 印度尼西亚最早的茶
- 越南最早的茶
- 土耳其最早的茶
- 伊朗最早的茶
- 美国最早的茶
- 新西兰最早的茶
- 非洲最早的茶
- 摩洛哥最早的茶

日本最早的茶

日本种茶始于西汉。西汉时，中国茶叶从朝鲜传入日本福冈[5]。据（美）《茶叶全书》记载："日本圣德太子时期（593年左右），茶的知识与艺术、佛教及中国文化同时传入日本。"据陈椽《茶业通史》记载，日本飞马时代（7世纪）的药师寺药草园中发现有栽茶的痕迹，在弥生后期发掘的文物中有出土茶籽，说明日本最早在这时代已经种茶了。

日本饮茶，见于奈良时代（710—794年）初期，约同于唐代唐玄宗时代（712—756年）。随着"遣唐使"的交流，在日本僧侣和一部分贵族首先开始了饮茶。有记载日本最早的饮茶史料与弘法官海（774—835年）相关。公元804年7月，空海登山第一艘入唐船，经福州辗转到了唐朝长安。两年之后带回大量佛教典籍、唐朝文物和所学密宗回到日本，成日本佛教一代宗师。日本正史最早的饮茶史料见于《日本后纪》（完成于贞和七年，即840年）记载的是曾为入唐学问僧的大僧都永忠向嵯峨天皇献茶。

日本茶道可溯源到日本平安时代。平安时代（794—1185年）的延历、弘仁间（805年），竭尽模仿唐朝，茶会茶道也与唐朝毫无二致，形成了"弘仁茶风"。往唐朝留学的最澄高僧带回了茶籽，种在了京都比睿山日吉神社的旁边，成为日本最古老的茶园。至今在京都比睿山的东麓还立有《日吉茶园之碑》，其周围仍生长着一些茶树。到了镰仓时代（1185—1333年），在宋朝学习的荣西禅师将抹茶的饮茶法推广到日本。1168年，日本的荣西禅师第一次来中国学佛返回时，又带回茶

5　见1956年6月26日《人民日报》所载的福冈通讯《亲上加亲》。

籽种植于肥前的背振山，使之成为日本的第一产茶地。后将《喫茶养生记》（1214 年），作为养生良方进献给当时的大将军源实朝，养生良方中主要强调了茶的药用价值。随后又将茶种子赠予华严宗的明慧上人，在高山寺种植，于是，茶在日本各地得到了普及。室町时代（1336—1573 年），日本茶道完成了中国唐宋时代的茶会茶道、禅宗哲理与日本民族习俗融合，在崇尚中国器物（唐宋茶物）的同时，千利休最后完成了诧茶建设，安土桃山时代（1573—1603 年）成为日本茶道最辉煌的时代。现代日本茶道洋溢着清茶美、环境美和人情美。

日本的茶叶宣传开始于 1876 年美国费城的百年纪念博览会，此后因为国际茶叶市场的竞争一直在加强宣传投入和力度。

2019 年，日本茶叶种植面积未进入世界前十名的国家。茶叶产量 7.65 万吨，位居世界第十位；茶叶消费量 10.3 万吨，位居世界第八位。

19 世纪日本茶农

朝鲜最早的茶

朝鲜半岛分属朝鲜和韩国。在中国的西汉时，汉武帝刘彻把疆域扩大到了朝鲜，中国茶叶也被带到了朝鲜。朝鲜也有传说智异山华严寺创建时，即高句丽三韩时代（544 年）就有植茶。

朝鲜半岛在与中国唐代唐太宗约同时代的善德女王时代（623—646 年在位）接受了中国的饮茶习俗。朝鲜半岛注重礼节性运用茶，有着悠久的传统。

新罗第三十代文武王即位（661 年），就令将金首露王庙与新罗宗庙合祀，“每岁时酿醪醴，设以饼饭茶果庶馐等奠，年年不坠”。

据《三国史记》载，兴德王三年（828 年）十二月，“入唐回使大

朝鲜半岛家庭茶礼图

廉持茶种子来，王使植于地理山（今智异山）”。即兴德王三年（828年），新罗依礼节派遣入唐使者，受唐文宗（826—840年在位）召见、赐宴、赠茶种子。使者金大廉带回了茶树种子后，王朝举行仪式，种植于地理山（智异山）。这是朝鲜引种茶树的开始。

高丽时期（936—1392年）是朝鲜半岛饮茶的全盛时期，突出特征是茶在礼仪中的充分运用。中国唐宋时期茶与汤组合饮用的习俗，尤其在宋代明确形成先茶后汤的规范，高丽一如既往地吸纳，在宴会上更加注重茶的礼仪意义，甚至于礼仪规范的节奏造成茶汤冷凉，影响口感，也不在意。

高丽末期，中国宋代理学进入朝鲜半岛，《家礼》中频繁使用茶礼，在婚丧祭祀等场合均有行茶之仪。

现代韩国茶礼的过程，从迎客、环境、茶室陈设、书画、茶具造型与排列，到投茶、注茶、茶点、吃茶等，有严格的规范和程序，力求给人以清静、悠闲、高雅、文明的感受。成人茶礼是韩国茶日的重要活动之一。韩国人将中国上古时代的部落首领神农氏称作茶圣。为纪念茶圣，韩国人还专门编排出“高丽五行茶”茶礼仪式。

蒙古最早的茶

蒙古高原游牧生活饮茶，最早是始自唐代。（唐）封演《封氏闻见记》中记载的饮茶习俗有“始自中地，流于塞外”“往年回鹘入朝，大驱名马，市茶而归”。蒙古先民从唐、宋、辽朝开始对外扩张交往，与其他民族的接触逐渐增多，有了接触汉地茶文化的机会；控制金朝统治下的“汉地”和云南、巴蜀等产茶地区以后，对饮茶文化有了进一步的了解。忽必烈建立元朝，完成统一大业，宫中便有了上乘的御茶。元朝宫廷营养师忽思慧撰写的《饮膳正要》记载了元朝宫廷饮用的茶叶名称及制茶方法。元代家庭日用全书《居家必用事类全集》也收录了多种茶的饮用方法。由此可见，元代时期饮茶习俗开始在上层阶级和城镇蒙古族人之间流传。

“万里茶道”前往恰克图的山西茶商队（恰克图南通库伦，今蒙古国乌兰巴托），此为清代照片

蒙古族茶文化中的“茶”多指奶茶。蒙古族饮用奶茶的方法与习俗借鉴于吐蕃王国，即从藏族的酥油茶演变而来。

现今，在中国内蒙古自治区北边的蒙古国，蒙古国人的一天也是从制作奶茶开始，这是这里人们的传统生活。

早上，取下蒙古包顶盖，亮堂起来了，晨风吹进来了，点火生炉子，做上一锅水，打开砖茶包，削下适量茶叶放入杵臼中研捣，而后把捣好的茶叶碎末倒入开水锅中熬煮。熬出适当浓度后，倒出以滤去茶渣，继续倒入锅中熬煮，并且不断用手勺扬翻茶水。数分钟后加入牛奶和盐，再次熬煮沸腾，“奶茶”即制成。这时，倒入铜、铝等质地的茶壶中，放置在火炉上待用。

当家庭成员坐下后，主妇（主理）给每人上一碗奶茶，各人把想要吃的选配食物放入奶茶中，便开始饮啜奶茶，其间还会多次往碗里添加热奶茶和选配食物。

一天喝两次茶，吃一顿饭，这就是蒙古人说的“二茶一食”。早餐被称为“早茶”，喝茶的同时配食奶酪、面点乃至牛羊肉；午食也一样，喝茶意味着是一顿饭。在夏季，一般会有“三茶”。

蒙古人的日常饮茶随时都有，只是不像“二茶”“三茶”那样是全家聚在一起饮用，而是谁想喝就自己动手。

俄罗斯最早的茶

1618 年中国茶叶传入俄罗斯。“1618 年（万历四十六年），明皇室派遣钦差入俄，并向俄皇赠茶叶”。

有记载的俄罗斯人再次接触中国茶是在 1638 年（中国的明末清初）。当时，作为使者的俄国贵族瓦西里·斯塔尔可夫，遵照沙皇的命令，赠送给蒙古可汗一些紫貉皮。蒙古可汗回赠的礼品，便是中国茶。继而茶在俄罗斯贵族中流行起来。

1679 年（清康熙十八年），中俄两国签订了关于俄罗斯从中国长期进口茶叶的协定，莫斯科的商人们由此做起了从中国进口茶叶的生意。

1696 年（清康熙三十五年），商队直接从中国把茶叶运往俄国，1870 年（清同治九年），又经海路将茶叶运往奥德萨。

18 世纪，有一位叫米勒的俄罗斯人在报告中这样写道：“茶在对华贸易中是必不可少的商品，因为我们已习惯了喝中国茶，很难戒掉。”俄罗斯作家托尔斯泰，也曾经在小说《战争与和平》中，写到俄罗斯人喝中国茶的情形。

当中俄茶叶贸易兴起后，精明的喀山人开始控制俄罗斯境内的茶叶贸易，并经由波罗的海运往欧洲，因此欧洲人最初把这种茶叶叫“俄罗斯茶”或“商队茶”。就连法国大文豪巴尔扎克，也成了中国茶的爱好者，常常喝到经俄罗斯商队辗转运到法国的中国茶。

19 世纪 30 年代，当时，俄国从中国输人茶苗，建设茶园，并建立了小型加工厂。1833 年，俄罗斯帝国从中国引进茶子试种。1848 年，又从中国进口茶子并种植于黑海岸。1889 年，俄国考察团到中国和其他产茶国研究茶业技术。1893 年，俄国又聘请中国茶师刘峻周到格鲁吉亚帮助种植茶叶。1900 年，刘峻周又在阿扎里亚开辟茶园 150 公顷。直到十月革命后，刘峻周仍帮助种茶和培训茶叶人才，1924 年获颁“劳动红旗勋章”。

俄罗斯饮茶用“茶炊”，最早出现于 18 世纪中叶，它的妙处在于可以随时加热保温。茶炊为双层，外层是水，内层放燃烧的木炭，以便煮沸或保温茶炊内的水。俄罗斯的冬季漫长而寒冷，用这种铜制茶炊冲泡红茶，最适合驱寒保暖。直到今天，很多地方仍在使用这种铜制“茶炊”。

俄罗斯人还喜欢果酱茶。先在茶壶里泡上浓浓的一壶茶，然后在杯中加柠檬或蜂蜜、果酱等配料冲制成果酱茶。冬天则有时加入甜酒，以预防感冒，这种果酱茶特别受寒冷地区居民的喜爱。

2019 年，俄罗斯茶叶消费量 14.4 万吨，位居世界第五位；茶叶进口量 14.4 万吨，位居世界第二位。

“万里茶道”前往恰克图的山西茶商队（北上乌丁斯克，今俄罗斯乌兰乌德）。“恰克图”俄语意为“有茶的地方”。此为清代照片

印度最早的茶

印度的茶叶种植和加工方法由中国传入。1780 年，英国东印度公司从中国广州运出茶籽至加尔各答，总督哈斯丁斯寄一部分给东北部不丹包格尔栽植，一部分播种于加尔各答植物公园，这是中国茶籽传入印度之始，为印度最早栽植茶树的记录。

1793 年，又有随印度驻华公使来到中国的科学家采办茶籽，种植于加各答的皇家植物园。

1834 年，印度组织了一个茶业委员会，雇用中国工人种茶，从此印度才开始大规模种茶。1939 年，印度成立了专门发展茶叶生产的阿萨姆公司，茶叶生产进入发展阶段。

1848 年，苏格兰“植物学家”福琼来到中国，将 23892 株小茶树和大约 17000 粒茶种带到了印度，并带回了 8 名中国茶工。印度实行庄园制的茶叶大生产方式，重视阿萨姆大叶种茶树的育种与利用，出现 CTC 红茶加工新技术，促进了茶叶生产和消费。

印度的北方人喜欢喝茶、用茶待客。主人会请客人坐到铺在地板的席子上，男士盘腿而坐，女士双膝相并屈膝而坐；主人开始给客人献上一杯加了糖的茶水，并摆上茶点（水果和甜食）；客人必须先客气地推辞和表达谢意，当主人再一次向客人献茶时，这时，客人才可双手接茶。而后，宾主一边品饮茶叙，一边吃茶点，彬彬有礼，茶事气氛和谐。这是印度北方家庭的茶规。

印度人日常生活不可缺的茶饮是：香料的风味、红茶的浓度、甜蜜的砂糖以及牛奶调和而成的茶。印度人饮茶，习惯把茶叶、砂糖、牛奶一起放在锅子里熬煮，适时加入肉桂、豆蔻、丁香、茴香、姜等香料调味。

印度的传统茶饮主要有：印度奶茶（又名焦糖奶茶），玛萨拉香奶茶，姜汁奶茶，印度调味茶，印度舔茶（即马萨拉茶）。

印度的茶叶产量和茶叶消费量在世界第二位。2019 年，印度的茶叶种植面积 63.7 万公顷，居世界第二位；茶叶产量 139.0 万吨、茶叶消费量 110.9 万吨，均位居世界第二位；茶叶出口量 24.4 万吨，位居世界第四位。

19 世纪的印度茶农

意大利最早的茶

意大利人最早知道茶，是在 1550 年“茶”字出现在意大利。

威尼斯位于东方陆路与欧洲水路之间，是欧洲最早的的大商业中心，亦最早输入中国茶叶。意大利在中国茶传欧洲过程中具有先导地位。

1550 年，欧洲人第一次听说“茶”，知道有这种奇妙物品的存在。

1559 年（明嘉靖三十八年），威尼斯商人拉摩晓（詹巴蒂斯塔 · 拉莫西奥）在其出版的《航海记》（又名《航海与旅行记》）中首次提到了茶叶，将“茶”的字载入其著，茶形开始见诸欧洲文字，为欧洲文学中首次出现“茶”（CHA）的用语。拉摩晓著《中国茶摘记》，是为欧洲茶书的开始。

拉摩晓的《茶之摘记》《中国茶摘记》《旅行劄记》3 种书都有关于“中国茶”的记载：“大秦国有一种植物，其叶片供饮用，众人称之曰中国茶，视为贵重食品。此茶生长于中国四川嘉州府（今四川乐山县）。其鲜叶或干叶，用水煎沸，空腹饮服，煎汁一、二杯，可以去身热、头痛、胃痛、腰痛或关节痛。此外尚有种种疾病，以茶治疗亦很有效。如饮食过度，胃中感受不快，饮此汁少许，不久即可消化。故茶为一般人所珍视，为旅行家所必备之物品。”

拉摩晓的茶知识来源于伊朗商人哈奇 · 马波麦得（阿拉伯人哈吉 · 穆罕默德），尽管有点夸张，但也有言中之处。

葡萄牙最早的茶

1507年（明正德二年），葡萄牙派遣使臣到中国广东要求实现两国通商。期间，葡萄牙人开始接触到茶，了解到饮茶有利身体健康。

1517年（明正德十二年），当时世界航海强国的葡萄牙人侵入中国，葡萄牙人先将包括茶叶在内的东方商品运至首都里斯本，再由荷兰商队转运到欧洲各国。

1553年（明嘉靖三十二年），葡萄牙人取得在澳门的居住权，澳门成为东方著名的国际商埠，对茶传入欧洲起到了重要作用。

1560年（明嘉靖三十九年），葡萄牙耶稣会传教士贾斯珀·克鲁兹著成葡萄牙第一本茶著作《中国茶饮录》。四年前，他乔装打扮混入一群商人队伍中，来往于中国贸易口岸和内地，他把自己所见所闻（包括"喝着他们称之为一种'Cha'的热水"）写入了书中。《中国茶饮录》是欧洲第一本介绍中国茶的专著。

1569年，葡萄牙又出版了克鲁兹《广州述记》，记述了中国人的饮茶生活。

1590年，葡萄牙语中出现了"chá"（茶）字。

15世纪初，葡萄牙商船来中国进行通商贸易，西方国家开始进口茶叶。克鲁兹的著作促进了中国饮茶知识向葡萄牙的传入，饮茶风俗也开始在葡萄牙出现。最有影响的还是凯瑟琳公主饮茶、崇茶、嗜茶，不但以茶为美容养生佳品、社会饮品，还把茶作为珍贵礼品。1662年，英格兰国王查理二世迎娶了葡萄牙布拉干萨王朝的凯瑟琳公主，公主的陪嫁不但有孟买港，还有一套中国茶具、221磅中国红茶。凯瑟琳公主在英国，发起和推动了饮茶成为英国宫廷生活的一部分。为庆祝这位皇后生日，英国大诗人沃勒为她写了一首诗：“花神宠秋色，嫦娥矜月桂。月桂与秋色，难与茶比美。一为后中英，一为群芳最。物阜称东土，携来感勇士。助我清明思，湛然祛烦累。欣逢后诞辰，祝寿介以此。”

葡萄牙公主凯瑟琳布拉甘萨的喝茶习惯

中国茶最早在欧洲

1. 中国茶从中亚流传至西欧

伊朗商人哈吉·穆罕默德把茶叶知识从中国引入了中亚，他发表过一份关于中国饮料的书面报告，记录在手抄本《维亚吉航海记》（*Navigatiane et Viaggi*）一书中。此外，苏梅尔在《茶叶通论》一书中讲述了葡萄牙人 16 世纪初就认识了茶叶，并在 1577 年开始与中国人做茶叶生意。

有记载称第一位与中国人一起喝茶的欧洲人是葡萄牙传教士贾斯珀·达克鲁兹，据神父遗留文件中记载，于 1560 年也就是当时中国的明朝，这位神父第一次见到茶叶。第一批茶叶也正是通过葡萄牙这个航海大国的贸易路线从中国被引入欧洲。在荷兰，最早提及茶叶的是荷兰旅行家林楚登。大约在 1595—1596 年他在荷兰出版的《旅行谈》一书，提及日本饮茶习惯与仪式；1598 年在英国出版的《航海与旅行》一书也记载了茶事。中国茶在欧洲，形成了“海上丝绸之路”“万里茶路”，欧洲茶文化逐渐兴起。

2. 海上丝绸之路

17 世纪初，葡萄牙商船来中国进行通商贸易，茶叶由西方国家进口开始出现。荷兰人在公元 1610 年左右将茶叶带到了西欧，1650 年后传至东欧，再传到俄罗斯和法国等国。1601 年（明万历二十九年），中国与荷兰开始通商。1610 年，荷兰人自澳门贩茶，并转入欧洲。1607 年（明万历三十五年），荷属东印度公司的商船从爪哇到澳门运载绿茶，经辗转于 1610 年回到荷兰，这是欧洲人来中国运茶的记录，也是中国茶叶以商品输入欧洲的开始。茶叶被视为药物，刚开始是在药店出售。1616 年，中国茶叶运销丹麦。1636 年，荷兰商人把中国茶叶转运至法国巴黎。1657 年，中国茶叶在法国销售。1669 年，英属东印度公司开始直接从万丹运中国茶叶进入英国。1689 年，英属公司开始直接从中国厦门运中国茶叶进入英国。由于当时欧洲的瓷器、丝绸、茶叶等商品皆从中国通过航运的方式运抵欧洲，这条线路就被称为“海上丝绸之路”。

3. 万里茶路

1618 年，中国茶叶开始从西北陆路输入俄罗斯。

18 世纪初，中俄两国于清朝雍正五年（1727 年）签订互市条约，中俄边境重镇的恰克图是两国进行通商贸易的商业贸易中心，茶叶是其中重要的商品。商人们将茶叶用马匹拉到天津，然后再用骆驼运送，骆驼队穿越茫茫草原和万里大沙漠，最终抵达中俄边境口岸恰克图进行交易。俄罗斯商人将茶叶贩卖到西伯利亚伊尔库兹克、乌拉尔、秋明等地区，甚至还一直运送到遥远的莫斯科与圣彼得堡。这条贯穿南北、水路交替的运输之路从福建崇安（今福建省武夷山市）出发，途经江西、安徽、湖北、湖南、河南、山西、河北以及内蒙古，最终到达乌里雅苏台（蒙古共和国）恰克图，全程达 4600 多千米，被人们称为“万里茶路”。这条茶路持续兴盛了一百五十多年，是一条堪与“丝绸之路”相媲美的茶叶运送的繁荣之路。

4. 欧洲茶文化兴起

17 世纪 60 年代中期后，欧洲社会上出现了以茶叶为题材的绘画、剧作。1665 年在阿姆斯特丹，人们用钢制的雕版印刷中国茶树、茶园及采茶方法的插图。1885 年凡高油画《吃土豆的人》，这幅突出饮茶情节的茶画成为经典。1692 年英国剧作家索逊在《妻的宽恕》一剧中，特地插进了茶会的场面。英国剧作《双重买卖人》和《七副面具下的爱》，也都有不少饮茶及有关茶事的情节；荷兰 1701 年就上演的《茶迷贵妇人》等饮茶、茶会作品和茶歌，在欧洲有些国家很受欢迎。

德国最早的茶

1635年，德国医生罗析托克出版鲍利《滥用烟茶之评论》。书中说："一般所称茶的功效，或只适于东方；在欧洲气候条件下，其功效则已消失。如用作医药，反有危险。凡饮茶可以折寿，尤以40岁以上之人为然。"最终也是德国人在喝茶中进一步认识到这是错误的论断。

茶叶来到德国，大约是在1650年，1657年茶叶首次在德国的药店出售。茶在德国的普及一定程度上归功于德国医学界的研究结果：茶，尤其绿茶是防癌治癌的辅助医疗佳品。

德国19世纪的植物学家奥托·库思次研究认为：德文的"茶"这个字称"Tee"，它是源自中国的闽南语方言中"茶"字的发音。

德国的茶叶消费市场发达，德国茶商广采世界上优秀的茶饮料制作配方，或进口或自己配制，引导消费普及。德国茶分为纯味型、薰香型、红绿茶混合型、果茶、药茶等，今天在德国境内供应销售的茶，已达到200多个品种。走进茶叶专卖店，那里货架上的大茶罐多达一二百种，还兼营茶食，以及与茶相配的礼品。德国几乎所有超市和食品商店都有卖菜的货架。咖啡馆也供应各种品质高的茶，并配备英文说明书。

德国人将茶叶视为高雅商品和健康美味的饮料。根据德国茶叶协会的统计，约有四分之三的德国人相较于绿茶，他们更喜爱红茶，而百分之六十的茶叶爱好者更喜欢散茶而不是茶包。德国人喜欢饮用散茶，喜欢只喝茶汤，不喜欢在茶汤中见到茶叶。德国人冲浪散茶多采用壶泡法，茶壶都配有金属制的网状结构茶漏，把要冲泡的散茶放于茶漏上，用沸水冲茶漏上盛的散茶，冲过沸水出汤后的茶叶倒掉。这种泡法茶叶没有浸泡，茶汤味道清淡，茶汤颜色比较浅清，符合德国人饮茶习惯。

英国最早的茶

1. 茶叶信息和受惠

1598 年,《旅行谈》一书由作者林楚登本人译成英文《林楚登旅行记》(*Linschofen's Travels*)在英国出版，为英国首见记载茶的信息文献。当时英国人称茶为“Chaa”。

1615 年英国文献中有了关于茶的记载。东印度公司驻日本开户岛代表 R. 威克汉姆致该公司澳门经理人伊顿的信函中有:“烦君在澳门代购最好之茶叶一罐”，信中称茶为“Chaw”。

1650 年前后已有英国人偶尔饮茶。当时英国人消费的茶叶都来源于中国，最早是从荷兰商人那里转运来的。1658 年英国伦敦出现世界上第一个茶叶广告。

1668 年的一幅插图展示了伦敦咖啡馆的风貌

伦敦第一家咖啡馆始于 1652 年。1657 年，商人托马斯·加韦在英国伦敦开设了一家加韦咖啡屋，首次向公众出售由荷兰转口来的中国茶叶。加韦张贴宣传海报推荐茶叶有 14 种药用价值。1658 年，加韦还在伦敦出版物《政治和商业家》报上刊登强调药用价值、鼓励饮茶的广告："曾由各国医师证明之优美中国饮料，中国人称之为茶，现出售于伦敦皇后像咖啡馆。"所以说，17 世纪中叶，英国伦敦之咖啡店即有茶叶出售。

促使茶叶从药物变身为高贵饮品，进而实现茶生活化的是英国王室。1662 年，葡萄牙的凯瑟琳公主嫁给了英国国王查理二世，公主有饮茶之习，她的陪嫁中有一套中国茶具和 221 磅中国红茶。在凯瑟琳王后的引导下，饮茶在当时英国上层社会流行，家庭茶会成为王公贵族最时髦的社交礼仪。1688 年，威廉三世继位，新女王玛丽从荷兰带来了茶叶和茶具，也把荷兰式的茶会带到了英国宫廷。

2. 初始的茶贸易

1657 年起，英国所用之茶叶皆由在英国注册的船只输入。1664 年，英国东印度公司在澳门设立办事处，开始进口中国茶叶，在其经理精心挑选送给英皇的礼物中就有 2 磅 2 盎司茶叶，1666 年再次进献英皇少量茶叶。

1678 年，英国商人自己开始了茶叶转口贸易，包括将中国茶叶贩运到美洲地区销售。我们可以在伦敦自然历史博物馆的达尔文中心见到编号是"植物样本 857"的"一种来自中国的茶叶"（来自 1698 年的中国市场），这个就是 17 世纪末，茶叶转口贸易留下来的茶叶。当时，一磅质量上乘的茶叶价格高达 60 先令，是上等咖啡的 10 倍。

1939 年，伦敦市场上出现了来自阿萨姆的茶叶，英国茶叶的来源由中国开始扩展至印度、锡兰（今斯里兰卡）等国。

3. 下午茶

英国传统下午茶，形成于 19 世纪 40 年代，这要归公于斐德福公爵的夫人安娜。这维多利亚式的下午茶要选择家中最好的房间作为聚会的场地，所选茶具和茶叶是最高档的，点心精致。后来，下午茶成了英国各个阶层固定的习俗和一种基本权利。英国民谣有:“当时钟敲响四下时，世上的一切瞬间为茶而停。”

2019 年，英国茶叶消费量 10.1 万吨，位列世界第九位。人均年消费茶叶 1.59 千克，位列世界第五位。茶叶进口量 10.4 万吨，位列世界第五位。

法国最早的茶

1636 年，荷兰商人把中国茶叶转运至法国巴黎，法语中，开始有“茶”一词。法语中“茶”（the）与荷兰语中的“茶”（thee）一样，都源于中国福建闽南话“茶”的发音“ti”。

1657 年，中国茶叶在法国销售。

约在 1653—1666 年间，法国神父亚里山大·德·科侯得斯（Aiexander de khodes）在所著的《传教士旅行记》中称：“中国人之健康与长寿，当归功于茶，此乃东方常用之饮品。”

进入 18 世纪，“饮茶有利于防病治病”的观念在法国上层社会形成共识，饮茶逐渐在法国巴黎上层社会中流行开来。1713 年巴黎出版了法国远东学家雷瑙杜德译《印度和中国古代记事》（阿拉伯旅行家讲述），书中说茶叶在中国是普遍饮料，中国人以沸水冲茶，饮其液汁；并说饮茶可以防百病；阿拉伯人称茶为“thah”。路易十四时代的史学家德·塞维涅夫人（Madame de Sevigne）在她的代表作《书简集》（Lettres）中经常提到喝茶。她曾经写道：“看看塔兰托（Tarente）公主，她每天都喝 12 杯的茶，所以她所有的病都痊愈了。她告诉我，德·兰德格拉弗伯爵（Monsieur de Landgrave）先生每天早上都要喝 40 杯茶；但是他的太太可能也喝了 30 杯左右。不是，是 40 杯。她太太本来快要死了，就是因为喝茶，所以又活过来，现在还活生生的在我们眼前呢！”

1728 年（清雍正六年），法国首次在广州建点收购中国茶叶。

1790 年左右，伦敦花木商戈登（Gordon）赠送给巴黎勒舍瓦里耶茶树一株，为法国第一株茶树。

卖花草茶的小贩（1849 年巨幅石版画，法国）

1900 年，尼亚尔兄弟文具店内，设置两个小茶桌，供应顾客茶和饼干。此后，逐渐地午后茶也为了巴黎人每日生活中不可移易的习惯。午后茶一般在下午 4 时半至 5 时半，巴黎人亦称为“5 时茶”。

浪漫的法国人在接受中国茶产品的同时，能够从精神领域中去体验茶文化的品位和情调。法国人尝试往茶中添加牛奶，开始以茶为对象的文学创作，泡茶以快速地将茶叶脱离出水称为法国人喝茶第一法则，研制出巧克力和柑味茶的调配方，用两种精选绿茶加上独特的摩洛哥薄荷调制的薄荷茶还要夹杂可爱的粉红色玫瑰花瓣等。

法国人眼里，饮茶体现了一种团结睦邻精神，更喜欢到茶室、餐馆中饮茶，在艺术中享受茶滋润的浪漫，更直接推动了法国近代茶馆业的兴旺发达。1980 年老舍的《茶馆》在法国演出后，法国的中国式茶馆便像雨后春笋般涌现出来，无论是繁忙的商人，还是潇洒浪漫的艺术家，都声称经常出入富有中国传统特色的茶馆。法国人觉得，各种茶馆给他们的生活注入了新鲜的内容；当自己端坐在富有文化特别情调的茶馆，津津有味地品尝香气扑鼻的清茶，是一种现代社会所缺乏的奇妙享受；茶馆的茶更温柔、最浪漫、最富有诗意。

荷兰最早的茶

1601年（明万历二十九年），中国与荷兰开始通商。

1602年（明万历三十年），荷兰颁布法令，成立联合东印度公司。1607年（明万历三十五年），荷属东印度公司的商船从爪哇到澳门运载绿茶，经辗转于1610年回到荷兰，这是欧洲人来中国运茶的记录，这也是中国茶叶以商品输入欧洲的开始。但茶叶被视为药物，刚开始是在药店出售。

荷兰医生是当地饮茶的推动者（1821年绘）

1635年，茶叶开始进入荷兰宫廷，是贵族养生健体的时尚饮品。1637年前后，有荷兰富商以茶请客。社会上层对茶叶的需求，使饮茶之风渐起。1680年饮茶之风普及荷兰全国。荷兰饮茶，在欧洲是最早的国家，而饮茶方法则是学习在欧洲国家中对饮茶最考究的英国。1701年，喜剧《茶迷贵妇人》上演，把上层贵族女子对茶及茶事活动的热衷，以情节化细致、生动地向荷兰社会呈现。其中纷繁的饮茶步骤就是下午茶的雏形，对饮茶在荷兰的进程起到了进一步推动作用。

荷兰早先从中国贩运的是绿茶，到18世纪中叶时绿茶才逐渐被红茶所取代。在引进茶叶的同时，荷兰人也引进中国的薄如蛋壳的精致茶壶、茶杯。约至17世纪中期，荷兰国内出现自产的成套茶具。

马来西亚最早的茶

马来西亚华人华侨总数约占全国人口的四分之一，最早从 17 世纪开始，从中国闽粤地区迁移南洋者，一并带来了饮茶习惯。马来西亚茶叶种植开始于 20 世纪 20 年代初期，最早由中国引进种植。1924 年在吉打华侨居住的圣奇倍西，引种中国茶种 140 英亩，专门采制中国茶叶。1930 年茶园面积有 1244 英亩[6]。

马来西亚主要产红茶，马来西亚人青睐普洱茶，兴饮乌龙茶。马来西亚饮茶习俗构成则是骨肉茶和拉茶。

骨肉茶是马来西亚家喻户晓的排骨药材汤。骨肉茶采用新鲜的排骨、腿肉（信仰伊斯兰教则选用羊排和肉）为原料，佐以当归、玉竹、党参、杞子、甘草、川芎、桂皮、八角、白胡椒、豆蔻、丁香、槟榔及南洋香料熬煮而成，是以肉与骨配合中药煲成的是以肉与骨配合中药煲成的，并没有茶叶或茶的成分，但在吃肉骨茶时，中国普洱茶、铁观音等通常会随汤奉上，一边吃肉骨，一边喝茶。骨肉茶由马来西亚闽籍华侨在 20 世纪初首创，盛行于东南亚。

拉茶在马来西亚，是人们最喜爱饮用和最普遍的含茶饮料。马来西亚的拉茶表演，是茶和艺的精彩演仪，是冲好一杯茶和享受一杯茶的技艺，又富有浪漫情调。在洋溢着南洋风情的舞台上，伴着悠扬动人的南国音乐，歌舞演员手持茶罐，翩翩起舞，在优美的舞蹈中，把拉茶动作表演得和谐风趣，惟妙惟肖，楚楚动人，雅俗共赏，是绝妙的享受。

6　1 英亩 =4046.86 平方米。

缅甸最早的茶

缅甸北部和东北部都与中国云南接壤，很早就传入茶生活，缅甸古时就将茶叶（鲜叶）作为蔬菜食用。缅甸的蒲甘王朝（11—13 世纪）时代，随着中国宋代茶马古道的兴盛，中国茶传入缅甸，缅甸人开始种植茶树。至 1919 年开始发展茶业，在东古正式开辟茶园。1921 年大量栽植。2019 年，缅甸茶叶种植面积 8.1 万公顷，在世界排名第八位。

缅甸重视茶叶的药用功能，称誉茶叶为“仙叶”。缅甸古代宫廷王室会把新鲜茶叶浸泡在芝麻油里，列为重大庆典和招待活动宴会的美味食品。普通百姓则把茶叶做为日常食疗养生品并掺入炸蒜头、炸豆子、炒芝麻，拌合食用。这是“拌茶”的起源。

现代缅甸人喜欢将新鲜茶叶腌制成湿茶再和其他食品拌在一起直接嚼吃，称为拌茶，又叫拌咸茶或泽茶。制作时选用鲜嫩的茶叶，经过采、洗、蒸、滚、压后用盐水浸泡三天，当发酵变成黑色，再加入芝麻、虾仁、炒蚕豆和番茄而成。

在缅甸，家庭和外面茶馆、茶摊，不论男女老少都吃拌茶；饭前吃拌茶，饭后也吃拌茶；宗教活动、社交活动和婚丧活动，也都离不开拌茶。拌茶通常装在瓷盘，吃时，往盘子里淋上芝麻油，用勺拌匀后，奉食品尝。拌茶风味独特，湿茶叶微涩，姜丝微辛，油炸食品既香又酥，虾米干味道鲜美。缅甸人在嚼吃拌茶时习惯佐喝红茶。

现今缅甸人习俗中，还喝与中国云南傣族相同饮茶方式的掸族烤茶，喝早茶（奶茶），喝英式下午茶，喝印度传入形成的缅甸拉茶。

斯里兰卡最早的茶

从 18 世纪至 20 世纪初，斯里兰卡（锡兰）一直是英国海上茶叶的中转站。

斯里兰卡种植茶叶的历史，记载最早的是 1824 年锡兰人带来中国茶籽在皇家植物园试种。18 世纪末和 19 世纪初，斯里兰卡又多次从中国引进茶籽试种茶树，但未成功。1824 年，荷兰人从中国引入茶籽播种在斯里兰卡。1841 年又从中国引入茶苗，并聘用技术工人，种植获得成功。1867 年分别从中国、印度阿萨姆引进茶树种植，形成大面积种植茶树的开端。

斯里兰卡有很长时期是世界上最大的茶叶出口国，出口的茶叶中有 95% 以上通过斯里兰卡科伦坡茶叶拍卖市场成交，科伦坡茶叶拍卖市场是世界上最大的茶叶拍卖市场之一。科伦坡茶叶拍卖市场，是由不到 10 家的代理商与参加拍卖的买主（出口商）约 40 家交易。每家代理商拥有固定的茶叶供应厂（场），每家茶叶供应厂（场）只委托 2 ～ 3 家代理商负责拍卖。斯里兰卡有一条不成文的约定俗成，就是科伦坡拍卖的茶叶的保质期为 3 个月。这样，茶叶厂（场）生产的茶叶必须在 15 ～ 20 天里把茶样（每只 3000 克）、编号及最低价等送至代理商。代理商再把茶叶厂（场）送来的茶叶按茶号、生产厂家、规格、等级、批次、件数、重量、包装和存放地点等编成目录，连同样品一并送至各有关公司，供审评定价。茶叶存放在茶厂内的为“主拍”，由于茶叶新鲜，拍卖的价格相对较高；而“辅拍”的是因没有及时销售出去而存放到茶厂外的茶叶，拍卖的价格也稍低。科伦坡茶叶拍卖，每周两次，星期二拍卖主拍的茶叶，星期三拍卖辅拍的茶叶。拍卖成交后，买主必须在 10 日到指定茶厂或茶厂外仓库提货，所以，茶叶从生产成品到装船出口，一般仅 5 ～ 6 个星期，最多不超过 2 个月。

2019 年斯里兰卡茶叶种植面积 20.3 万公顷，位居世界第四位；茶叶产量 30.0 万吨，位居世界第四位；茶叶出口量 29.0 万吨，均居世界第三位。茶叶人均消费量 1.35 千克 / 人 / 年，2019 年世界排在第九位。

19 世纪斯里兰卡（锡兰）茶农

巴基斯坦最早的茶

巴基斯坦于 1958 年开始试种茶树，20 世纪 60 年代、70 年代又在西北边境地区试种，均不成功。1982 年，根据中巴两国签订的技术合作协议，中国派出茶叶专家去巴基斯坦考察了种茶的可能性，确认在当地有发展茶叶的前景。为此，巴基斯坦农业研究理事会开辟试种基地，聘请中国专家协助。截至 1987 年，建立茶园 5.3 公顷，试种情况良好。

巴基斯坦 2019 年茶叶进口量延续上涨趋势，进口 20.6 万吨，增长 7.3%，稳居世界第一。

泰国最早的茶

中国澜沧江流经泰国、老挝边界，中国茶树很早就顺江传入泰国。泰国北部边境原住民和中国云南少数民族很早就利用野生茶树茶叶，进行蒸热、堆积变红而制成小束茶；以鲜叶煎沸，医治疾病；还有将野生茶树茶叶与盐、大蒜、猪油等一起作为菜食咀嚼。

冰茶是泰国一种特殊的茶饮，泰国人喜欢喝冰茶，冰茶可以解渴还可以解热，给人清凉舒适的享受，是休闲文化传统，也是生活在热带的人们的需要。泰国冰茶种类繁多，加工方法有繁有简。按照茶叶原料来分，泰国冰茶有绿茶、红茶两种。以绿茶为原料制作的冰茶，一般是以水果加绿茶，然后在温热的茶汤中放入一些冰块调制而成。以红茶为原料制作的冰茶种类较多。简单的制作饮用，是将红茶直接冲泡或者煮沸之后倒入杯中，然后在杯中放入糖、牛奶和冰块而饮。奢侈的饮用方式就类似于鸡尾酒的调饮，一般选用高档的有机红茶为原料，将红茶投入杯中，注入热水，再放入杏仁精、龙舌兰酒和甜叶菊，浸泡约 15 分钟让其膨胀，此时另取一只杯并在其中放入冰块备用，将冲泡好的茶汤注入放有冰块的杯里，然后加入牛奶搅拌混合即可饮用。这种方式还可选放鸡尾酒的各种基酒，甚至还配一些柠檬汁、果糖、可乐等，既充分享受茶香又高贵时尚。

泰国人吃腌茶的风俗，其法与出自中国云南少数民族的制作腌茶一样，通常在雨季腌制。腌茶，虽名为茶，其实更像是一道美食，将它和香料拌和后，放进嘴里细嚼。又因泰国气候炎热，空气潮湿，而用时吃腌菜，又香又凉，所以，腌茶成了当地世代相传的一道家常菜。

泰国人中的数百万华人华裔，任然保留着喝地道的中国（潮汕）功夫茶、吃腌茶的风俗。

印度尼西亚最早的茶

印度尼西亚是世界茶叶主产国之一，印尼种植茶树的历史可追溯到1684年，印度尼西亚就开始在爪哇、苏门答腊试种茶树，当时是将茶树作为观赏植物。在1826年，爪哇的茂物植物园才有了较大规模的茶树种植。1827年后，荷兰人加可伯逊和中国华侨又多次从中国引入茶籽，奠定了爪哇茶业的基础。1828—1833年印度尼西亚完成大面积试种茶树和试制茶叶。茶籽、茶苗、制茶器具和技术工人，都来自中国。印尼主产传统红茶。20世纪50年代，印度尼西亚茶叶生产恢复到第二次世界大战前的水平。

印尼人有客来敬茶的习俗。印尼人煮茶一般将红茶放入茶壶中煮沸后待凉些，冲入另外一只玻璃茶壶中（用茶漏同时过滤掉茶渣茶末）备用，这只玻璃茶壶是专门用来倒茶分茶。敬茶用的是带杯托和把手的透明玻璃杯子，倒入半杯红艳明亮的红茶汤，再放入适度的糖，最后加入白开水至七八分满，这样泡好了才奉杯敬客。

很多印尼人喜欢冰茶，又称“凉茶”，与泰国冰茶基本相同。印尼人也喝早餐茶。

在印尼品饮下午茶，是一种很浪漫的享受，可以体验到包括下午茶发源地英国完全体会不到的意境和心境。印尼下午茶，将本地的热带海岛风情与休闲生活完美融合，不只是秀丽的热带风光让人难忘，是融入椰风海韵、音乐舞姿、特色艺术、宗教民俗、火山海景，在洁白细腻的沙滩，倚在沙滩椅上，喝着闻名的下午茶，吃着独具印尼特色的茶点，吹着凉爽的海风，欣赏蓝天白云、清澈水底，望着浩瀚的大海，更能领略茶可清心、茶可养静、茶可雅志、茶可怡情的真谛。

2019年印尼茶叶种植面积11.4万公顷，位居世界第六位；茶叶产量12.9万吨，位居世界第七位；茶叶出口量4.3万吨，位居世界第八位。

越南最早的茶

早在中国的唐代，生活在今天越南这块土地上的人们就开始饮茶了。唐代杨华《膳夫经手录》记载有唐代衡山（今湖南省衡山市）的饼茶远销到越南（当时的安南都护府）。

越南的饮茶习俗是通过两条途径从中国传入的，北部是因为与中国接壤的天然联系，南方更多是由海外华侨带来。越南的茶树最早是从中国云南经红河顺流传入，元代之前越南已经开始生产茶叶。到了 1825 年前后，茶树栽培盛极一时。后因法国侵入和管理不善，逐渐衰落。直至 1900 年后，再度复兴。

越南人也有着客来敬茶的传统，先倒满自己的茶杯才给客人斟茶，这是越南的饮茶习俗之一（因认为先冲泡的茶汤淡而乏味，不宜用于待客，而留为自饮）。而“奉茶礼仪”则是越南传统茶俗的典范和茶道文化遗产，也是遗产文化节日盛会的演仪项目。

“奉茶礼仪”茶道，只有在过年、婚庆、重要农作物收成的喜庆时刻举行。场面宏大，穿着靓丽的茶女载歌载舞，艺人扮演巫师，戴着面具，弹拉民乐，摇动铃铛，向神灵和祖先表达敬意。“奉茶礼仪”茶道，注重人与自然的融合，同时还营造热情热闹的氛围，大家欢聚一起来饮茶。

越南种植并加工茶叶的历史在 1955 年出现。2019 年越南茶叶种植面积 13 万公顷，位居世界第五位；茶叶产量 19 万吨，位居世界第六位；茶叶出口量 13.6 万吨，位居世界第五位，越南茶叶出口量中 60% 出口法国。

土耳其最早的茶

公元 5 世纪时，土耳其商队就已到中国西北地区购买茶叶。

土耳其种茶始于 20 世纪 20 年代，1937 年建立全国第一个茶树种植场，1947 年建立全国第一家红茶厂。

在土耳其“叹茶”“以茶待客”，早已蔚然成风，也成为当地的特色。“叹”含有享受的意思，叹茶是指上茶楼饮茶，边饮茶边吃茶点。

土耳其是一个“叹茶”的民族。土耳其的大中城市直到小城镇，到处都有茶馆，甚至点心店、小吃店也兼卖茶；茶馆林立，还有移动的茶馆，走街串巷挨户送茶员，车站、马头不断喊出“刚煮的茶”；吹一吹口哨，附近茶馆服务员都会手托茶盘奉茶来；在农村还有很多露天茶

土耳其茶馆

馆。这些，成了土耳其人叹茶的好地方。土耳其人在茶馆茶室“叹茶”，以消闲、交际，松弛身心；在这里可以席地而坐喝着红茶和各种各样的水果茶，吃茶点，谈笑风生。

土耳其茶馆经营方式灵活，在这里“叹茶”，红茶也可以单加糖成“甜茶”，水果茶有葡萄茶、橘子茶、苹果茶、杏子茶柠檬茶等。特别是茶点丰富，各种土耳其菜都成了佐茶食品，如烤羊肉串、烤牛肉串和烤鸡肉串，蔬菜是鲜美茶食；香蕉、苹果、无花果、荔枝、石榴、葡萄、西瓜等水果和核桃仁、榛子、松子、葡萄干等干果，都成佐茶美食。此外，有的茶室里面有电视、棋牌等娱乐，还有的茶室融入有土耳其浴、酒吧等，“叹茶”真逍遥。

土耳其的人均茶叶消费量居世界第一。2019 年全球茶叶人均消费量排在第一位的还是土耳其，人均每年消费茶叶 3.04 千克。2019 年土耳其茶叶产量 26.8 万吨，居世界第五位。

伊朗最早的茶

1900 年，当时波斯（今伊朗）王子沙尔尼从印度引进茶籽种植，继而派人到印度、中国学习种茶、制茶技术，从此开始茶叶生产。20 世纪 30 年代伊朗茶叶生产才初具规模。

2019 年，伊朗人均每年消费茶叶 1 千克，世界排名第十五位。2019 年，伊朗茶叶进口量 8.1 万吨，居世界茶叶进口国第七位。

伊朗人都喜欢喝茶，尤其是红茶，起床就煮茶，每顿饭后还备好茶，有来客还要用精美的茶具放在托盘奉上煮好的红茶；公共场所办公场所还有茶室，只要有空就喝茶。

伊朗人的品茶方式很独特，不只是喜欢通过创造一个静谧雅洁、温馨和谐的品茶意境，而且讲究品茶品饮艺术。

伊朗人喜欢喝红茶，而且喜欢加糖，但不是放于茶汤中搅匀后饮用，伊朗人品饮的方式是“含糖啜茶”。待红茶刚煮好，乘着腾腾热气，先把方糖放在红茶里短暂一蘸，便把蘸后的方糖放进嘴里，接着才开始品茶。

伊朗人的红茶和茶具

伊朗人品茶，对茶杯、茶壶相当讲究。一般选择透明玻璃杯、玻璃杯托和玻璃茶壶，传统的是红色的，玻璃茶具上布满了雕刻细密、花纹精巧的金属镶嵌装饰，俨然勾连成一个隔热护手的网套，凸现出奢华的审美情调。盛着红茶汤的杯里是见不到茶叶的，那怕是一丁点，玲珑剔透的红玻璃杯子里的红茶被衬托得红艳迷人，杯下有茶托，旁边放着一把茶壶，在这品茶形式和茶具的和谐氛围中，流动的是甜甜的温暖和温情。

伊朗人品茶讲究用铜壶煮茶，煮茶铜壶的底座是个巨型水壶，顶部放着煮茶的铜壶，总是在火上搭着，以备随时需要，通过巨型茶壶里的湿热蒸汽来保护茶汤的温度和茶香。

美国最早的茶

美国费城博物馆馆藏茶叶老照片

美国独立之前，茶叶就已经是这块土地上的人们日常生活中必不可离的重要饮料。最早是荷兰人通过海上贸易把中国茶叶传入欧洲，再由欧洲移民带入北美。英属北美殖民地建立后，马萨诸塞州的波士顿开设了北美大陆上第一个出售中国茶叶的市场。

最先将中国茶叶传入北美殖民地的是荷兰和英国。1670 年前后，北美马萨诸塞殖民地已有人饮茶。1687 年，北美的英国商人从澳门采购少量茶叶运往纽约销售。1690 年，在波士顿已有商人领取执照公开售茶。1712 年，波士顿的药房已有销售绿茶。

美国最早的茶叶广告出现在 1712 年。1712 年，波士顿有一药店宣传其所售“绿茶和武夷茶”“绿茶及普通茶”。1714 年，有一波士顿人在该地的报上刊登广告说：“现有极佳的绿茶出售，地点在橘树附近本人家中。”

1773 年 12 月 16 日，英属东印度公司满载中国茶叶的船到达波士顿港口。殖民地人民拒付垄断经营新增茶税，兴起抗税运动，数千之众涌向货船，把 342 箱茶叶全部抛入海中，史称“波士顿倾茶事件”，从此揭开了美国独立战争的序幕。美国独立后的百余年，中美茶叶贸易迅速发展，也促共了中美关系的升温和两国民众的互相了解。

中美正式的茶叶贸易始于1784年。是年2月，美国船“中国皇后”号从纽约起航，渡过大西洋，绕道好望角直抵广州。12月，该船由广州返航时，运回红茶2460担、绿茶562担，从此开始了中美之间的茶叶贸易。

1803年《纽约晚报》登载一则广告：“新到205箱上等贡熙茶（注：“贡熙茶”是珠茶，圆炒青绿茶类），华托街182号爱利斯·肯公司启”，这也说明中国的圆炒青绿茶已销售美国。

美国人喝茶讲究效率和多样化。1904年美国圣路易斯博览会上诞生了冰茶，这把冰块投入冒着热气的茶水中的饮茶法，开启美国饮茶新纪元。1940年英国生产速溶茶，很快就在美国风行。美国人爱喝冷饮，创造了茶的冷饮方式——冰茶，饮用方便又符合快节奏。美国人的消费茶叶形态，从散叶茶到袋泡茶，袋形既有方又有圆；从袋泡茶到速溶茶，包括类似速溶茶的冰茶冲剂；从速溶茶到现成罐装茶饮料；有清饮与调饮，大多人喜欢在茶汤中加入柠檬、糖等添加物；都是具有随时可饮的特点。美国人也喝鸡尾茶酒。茶馆也逐渐融入美国人的生活。

茶融入美国人的生活，也激发了画家的创作灵感，传世有优秀茶画：凯撒的《一杯茶》和派登的《茶叶》。

美国也一直是茶叶消费的主要国家。截至2019年，美国已成为世界茶叶消费前十位国家，茶叶消费量11.7万吨，居世界第六位；茶叶进口量11.7万吨，居世界第三位。

新西兰最早的茶

21 世纪初，新西兰开始少量种植茶树。

饮茶主要是从 19 世纪中期开始，随着英国移民的大量加入以后兴起，新西兰人的饮茶主要受西方的影响。其开始是饮用英国式的下午茶，后也深受美国人饮食习惯的影响。

新西兰人喜欢快捷的饮茶方式，其饮用的茶叶，以红碎茶和中、低档绿茶为主，美国时尚的袋泡茶与新西兰人的生活方式、生活态度相契合，所以新西兰人对袋泡红茶尤其偏爱。

当然，英国茶文化的影响下形成的新西兰茶饮文化还是主流。人们习惯饮红茶，醇香的红茶是他们的首选，尤其是偏爱具有汤色浓艳、刺激性强、滋味鲜爽且品质高的红茶。他们喜爱加糖加奶，甚至加入甜酒、柠檬饮用，这些通常是茶室供应的饮品。

新西兰人每日需喝七次茶，即早茶、早餐茶、午餐茶、午后茶、下午茶、晚餐茶和晚茶。新西兰人在用餐前不喝茶，餐的饮茶和完餐后饮上一杯香茶是生活的习惯。新西兰人在上午和下午的工作中，各单位都会特意安排喝茶的休息时间。

在柔软的沙滩上漫步，品尝着温馨的下午茶，感受着大海的呼吸，是新西兰人的消闲乐事。

非洲最早的茶

1. 种　植

非洲茶叶生产主要是19世纪后期才发展起来，大面积种茶只有100多年历史。

坦桑尼亚在1902年开始引种茶树；1905年由德国移民引种在坦噶尼喀和喀麦隆试植茶树，1926年才开始有茶叶投入生产。

肯尼亚的种茶历史始于1903年，英国人凯纳从印度引种而成。

马拉维种植茶的历史可追溯到1878年首次引进茶种试种。直到1890年由斯里兰卡人将茶树种植在台尔后才成功。

马里、几内亚、布基纳法索等的茶树种植，主要是在中国政府派专家指导下，于20世纪60年代才开始发展起来。

2. 饮　茶

非洲是较早输入茶叶的大洲之一，非洲的茶叶产量仅少于亚洲，位居世界第二；非洲的56个国家和地区中，纯大多数居民都有饮茶习惯，一直有把茶叶当作饮品的传统，而饮茶风习较盛的则是北部非洲和西部非洲。北部非洲和西部非洲的人们，茶是日常生活的必需品，有空就会饮茶，一天十几杯茶都很正常。特别喜爱茶原因有四：

原因之一，北部非洲和西部非洲的主要居住者属阿拉伯民族，信奉伊斯兰教，饮茶品茶能体现出温馨、宁静、和谐、休闲的伊斯兰文明，兴茶也符合禁酒的教规。

原因之二，该地的主要居住者生活在沙漠环境中，常年天气炎热，气候干燥，出汗多消耗大，以馕为主食又常吃牛羊肉，需要茶叶的去腻消食功能，而且茶能帮助人们解热、消暑、补充水分和营养。

原因之三，该地的主要居住者保持有“夜谈”习惯，茶既能解渴提神，又可助兴除烦。

原因之四，该地的主要居住者用茶待客是一种礼仪，茶也是沟通关系、增进友谊的桥梁。

茶叶生产主要在东部非洲和南部非洲。世界之大产茶区在非洲是东非茶区。东非茶区有肯尼亚、马拉维、乌干达、坦桑尼亚和莫桑比克等。非洲从事茶叶生产的国家和地区有 20 多个，肯尼亚、马拉维、乌干达、坦桑尼亚、卢旺达和津巴布韦这六国种植面积广、产量高。2019 年，肯尼亚茶园面积 26.9 万公顷、茶叶产量 45.9 万吨，均位居世界第三位；茶叶出口 49.7 万吨，肯尼亚蒙巴萨拍卖行交易量 45.4 万吨，均居世界第一位。乌干达茶叶出口 5.5 万吨，马拉维茶叶出口 3.3 万吨，卢旺达茶叶出口 2.9 万吨，分别位居世界第七、九、十位。

摩洛哥最早的茶

1930 年，日本绿茶进入摩洛哥市场。

摩洛哥于 1960 年邀请中国专家去考察种茶的可能性。至 20 世纪七十年代中期，摩洛哥开辟茶园 18 公顷。1982 年，其又聘请中国技术人员帮助指导。截至 1987 年，共发展茶园 860 公顷。1988 年茶产量达到 100 多吨。

2019 年，摩洛哥进口茶叶量为 8.3 万吨（主要从中国进口绿茶），排在世界第六位。从人均消费看，排世界茶叶人均消费量第三位，即 2.07 千克 / 人 / 年。摩洛哥是阿拉伯国家中人均茶叶消费量排位第二的国家，排名第一位的是利比亚，人均茶叶消费量为 3.02 千克 / 人 / 年。

阿拉伯人节日庆典，茶成为节日的饮品（1890 年油画）

22 茶教育

- 最早奠基古代茶学的人
- 最早的茶学近代教育
- 茶叶科研教育体系最完整的国家
- 最早的全国性茶叶研究机构
- 中国最早的茶叶质量监督检验机构

最早奠基古代茶学的人

茶学，主要研究农业生物科学、食品科学、茶科学、茶文化学及茶产业发展等方面的基本知识和技能，包括茶树栽培育种、茶叶生产加工、茶叶审评检验、茶的综合利用和营销、茶文化等，进行茶叶的选种、加工、评级、仓储、贸易、茶文化的推广等。

古代茶学始于八世纪六七十年代。最早奠基古代茶学的人是唐代茶圣陆羽（733—803 年）。唐肃宗上元二年（761 年），陆羽根据多年实地考察与潜心研究著述，完成世界上第一部茶学专著《茶经》定稿和自传等的编撰工作并付梓。《茶经》阐述了唐代及唐代以前的茶叶历史、产地、茶的功效、栽培、采制、煎煮、饮用的知识技术，总结了人们生产和生活中关于茶的经验，把茶叶生产技术、饮茶用具流程上升到“艺”，铺陈了茶道原理和“精行俭德之人”，从而奠基古代茶学。引领一千多年来，中华茶文化形成“三大文脉”（茶艺文脉、茶禅文脉、茶德文脉），发展繁盛。

最早的茶学近代教育

我国近代茶学教育始于清光绪二十五年（1899 年）湖北省创办的农务学堂。该校农、牧、蚕、茶并重，设有茶务专业课程，是我国近代茶叶史上设置专业教学的最早记录。

1923 年，安徽六安省立第三农业学校创设茶业专业。

我国高等学校中的茶叶系（科），最早在 1939 年，经复旦大学代理校长吴南轩、教务长孙寒冰和财政部贸易委员会茶叶处处长吴觉农倡议，由中国茶叶公司资助，在内迁重庆的复旦大学建立茶叶（4 年制，后改茶叶组）和茶叶专修科（2 年制），首任系主任为吴觉农先生，开设的主要专业课程有茶叶概论、茶树栽培、茶叶制造、茶叶化学、茶叶检验和茶叶易等。这是我国高等学校中建立的第一个茶叶系（科）。

修業證書

214 号

學生孫雲良 係江西省

人現年 歲在本校

修業期滿特發給此證

婺源縣茶葉專科學校 校長

一九五八年 月十二日

20 世纪 50 年代江西省婺源县茶叶专科学校修业证书

茶叶科研教育体系最完整的国家

中国是茶叶科研教育体系最完善的国家。

1989年经国务院学位委员会组织评审设立浙江大学茶学系为第一个茶学国家重点学科。

茶学专业是中国特色专业，也是世界独有的专业。它跨越农、工、贸、文、理、医等多类学科，与医学、药学、营养学、食品加工学、机械、史学、文学等有着紧密的关联，最终形成了纵横并厚、交融汇聚的学科特色。茶学专业学习（研究）的对象可以说都是围绕“茶”这一株植物而展开的。小小一片茶叶中蕴含着1000多种生物活性成分，从茶的育种栽培到加工审评，再到茶叶化学成分和综合利用研究，以及茶产业经济学和文化研究，其知识体系涵盖茶叶产前、产中和产后农业，其产业链贯通第一、第二、第三产业。茶学专业方向则包括茶树生物技术与资源利用、茶叶化学与功能成分开发、制茶工程与品质鉴定以及茶产业经济与文化。因此，茶学的研究范围涉及生命科学、现代农业科学、信息科学、食品科学、现代医学和文学等诸多领域。

据不完全统计，全国现有71所高等院校设有茶叶专业，在校学生居世界之首。此外，还有4所全国性的茶叶科研所，20所省茶叶科研所，10个全国性茶叶学会及31个省（自治区、直辖市）茶叶学会的学术研究单位，1个国家级茶叶博物馆，56个省市县级茶博物馆。

最早的全国性茶叶研究机构

最早的全国性茶叶研究机构诞生在中国。

1941 年 10 月，设立于浙江万川的东南茶叶改良总场改组为隶属于财政部贸易委员会的茶叶研究所。次年 4 月迁至福建省崇安县赤石镇。这是第一所全国性的茶叶研究所，吴觉农任所长，蒋芸生任副所长。主要研究人员有叶元鼎、叶作舟、胡浩川、王泽农、汤成、陈为祯、向耿西、刘河洲、陈舜年、食庸器、尹在继、吕增耕、叶鸣高、庄任、许裕圻、钱樑、陈观沧、际洪彦等。该研究所主要从事茶树更新、茶繁殖、茶树修剪、茶叶制造、茶叶化学和茶园土壤等方面的研究与科广工作，于 1945 年 8 月停办。

中国最早的茶叶质量监督检验机构

1929 年，国民政府工商部分别在上海、汉口两地首先成立商品检验局。同年 12 月，公布了《商品出口检验暂行规则》，这是中国商品检验最早的法律。实施检验的主要是生丝、棉麻、茶叶、米麦及杂粮、油、豆、牲畜毛革及附属品等。

1930 年底，吴觉农到上海商品检验局工作，负责农作物检验处茶叶检验科工作，开始拟定茶叶检验计划，制定茶叶检验标准和技术规程等。

1931 年，国民政府实业部宣布对出口茶叶实施检验。这一法令公布后，上海商品检验局于同年 7 月，汉口商品检验局于同年 12 月，正式开始了出口茶叶的检验工作。

新中国的“国家茶叶质量监督检验中心”成立于 1988 年，是由国家质量监督检验检疫总局、国家认证认可监督管理委员会授权，并经中国实验室国家认可委员会认可的专业从事茶叶及茶叶制品检验、茶叶标准制修订、茶叶检测技术研究等工作的国家级检测检验机构。该中心挂靠中华全国供销合作总社杭州茶叶研究院，首任主任由研究所所长谢丰锅兼任。机构主要从事各类茶叶及茶制品的监督检验、委托检验、仲裁检验、消费争议检验和 QS 发证检验，茶叶相关国家行业标准的制修订，茶叶检测术研究，各级评茶员、评茶师培训与授证，以及为广大茶叶企业的技术服务和技术咨询等工作。

23 茶数据

- 茶叶种植面积最大的国家
- 茶叶产量最大的国家
- 全球茶叶人均消费量最多的国家
- 茶叶拍卖交易量最高的国家
- 茶叶出口量最大的国家
- 茶叶进口量最大的国家
- 最新的中国茶叶数据

茶叶种植面积最大的国家

据国际茶叶委员会（ITC）统计数据，2019 年世界茶园面积达到 500 万公顷，较 2018 年增长 2.5%。2010—2019 年 10 年间世界茶叶种植面积增长了 116 万公顷，2019 年比 2010 年增长了 30.2%，年均复合增长率达 3.5%。

从国家看，茶叶种植面积在 10 万公顷以上国家有 6 个。其中，面积最大的仍是中国，2019 年中国茶叶种植面积为 306.6 万公顷，占全球茶叶种植面积的 61.4%；印度居第二，茶叶种植面积为 63.7 万公顷，占全球 12.7%；其余依次是肯尼亚 26.9 万公顷，斯里兰卡 20.3 万公顷，越南 13.0 万公顷，印度尼西亚 11.4 万公顷。

中国是茶叶种植面积最大的国家。现在全国有 18 个省（自治区、直辖市）的 900 多个县生产茶叶，共计茶叶种植面积 306.6 万公顷，占世界茶园总面积的 61.32%。

中国有上千个产茶县。茶叶百强县分布于全国 15 个省份，其中云南省有 15 个上榜，数量最多，此外福建、湖北、安徽三省上榜的茶叶百强县数量均超 10 个。

茶叶产量最大的国家

据国际茶叶委员会（ITC）统计数据，2019 年，世界茶叶产量达到 615 万吨。

从国家看，2019 年茶叶产量居世界第一的是中国（279.9 万吨），第二是印度（139.0 万吨），排位第 3 ～ 10 名的依次是肯尼亚（45.9 万吨）、斯里兰卡（30.0 万吨）、土耳其（26.8 万吨）、越南（19.0 万吨）、印尼（12.9 万吨）、孟加拉（9.6 万吨）、阿根廷（7.7 万吨）和日本（7.65 万吨）。

位居前十的国家中，茶叶产量除中国大幅增长外，孟加拉国产量增长明显，增速达到 17%，印度和越南小幅上涨；其余国家产量均不同幅度减少。中、印两国茶叶产量仍稳居世界前二位，两国茶叶总量达 418.9 万吨，占到世界茶叶总产量的 68.1%。

全球茶叶人均消费量最多的国家

据国际茶叶委员会（ITC）统计数据。2019年，世界茶叶消费总量为585.9万吨。最大的国家仍是中国，达227.6万吨；居第二位是印度，为110.9万吨；其次是土耳其26.3万吨；巴基斯坦20.6万吨；俄罗斯14.4万吨；美国11.7万吨；埃及10.9万吨；日本10.3万吨；英国10.1万吨；印度尼西亚9.7万吨。

从人均消费看，2019年全球茶叶人均消费量排在第一位的是土耳其，人均每年消费茶叶3.04千克，第二位是利比亚的3.02千克/人/年，第三位是摩洛哥的2.07千克/人/年。中国香港、中国大陆和中国台湾均排在人均消费量的前十五位，其中中国香港排在第六（1.59千克/人/年），中国大陆排第七（1.55千克/人/年），中国台湾排第十一（1.31千克/人/年）。主要茶叶生产国中的印度、肯尼亚的人均消费量未排进前十五。

绿茶生产量和出口量最多的国家全世界绿茶生产量为40万吨，总贸易量为78925吨，中国分别占66%和72%，均居世界首位。

茶叶拍卖交易量最高的国家

茶叶在世界范围的进出口贸易，主要是通过全球各大茶叶拍卖行交易。

据国际茶叶委员会（ITC）数据，全球各大茶叶拍卖行交易情况是：2019 年全球主要茶叶拍卖市场交易量为 141.86 万吨。交易量居世界第一的是肯尼亚蒙巴萨拍卖行（45.4 万吨），第二的是斯里兰卡科伦坡拍卖行（29.05 万吨），排位第 3 ～ 10 名的拍卖行依次是加尔各答（印）（16.82 万吨）、古瓦哈提（印）（15.00 万吨）、西里古里（印）（14.26 万吨）、吉大港（孟）（8.50 万吨）、古努尔（印）（6.02 万吨）、科钦（印）（4.62 万吨）、哥印拜陀（印）（1.32 万吨）、林贝（马拉维）（0.89 万吨）。

据国际茶叶委员会（ITC）统计数据，2019 年世界茶叶出口为 189.5 万吨，则基本可以说：通过拍卖交易的茶叶占世界茶叶出口贸易总量的 70% 以上。

茶叶出口量最大的国家

国际茶叶委员会（ITC）统计数据，2019 年世界茶叶出口为 189.5 万吨，创造了近 10 年全球出口量的新高。近十年来，世界茶叶出口在 2012—2013 年有一次大幅攀升，此后有所下降，2017 年后开始重新上涨，连续两年突破 180 万吨。2019 年全球茶叶总出口量占总产量比重为 30.8%，世界 70% 的茶叶在生产国本国内直接消费或存贮。

从主要生产国出口情况看：2019 年，世界茶叶出口量排在第一位的是肯尼亚，达 49.7 万吨，占 26.2%；其次是中国，为 36.7 万吨，占 19.4%；第三是斯里兰卡，29.0 万吨，占 15.3%；印度 24.4 万吨，越南 13.6 万吨，阿根廷 7.5 万吨。出口量前十国家和地区中，肯尼亚、中国、斯里兰卡、越南、阿根廷、卢旺达等六国在 2019 年茶叶出口实现正增长，其中，2019 年越南茶叶出口增长率达到 14%；印度、乌干达、印尼、马拉维等四国茶叶出口比上一年都有所减少，印尼更是连续两年出现 10% 以上降幅。

茶叶进口量最大的国家

国际茶叶委员会（ITC）统计数据，2019 年世界茶叶总进口量为 180.4 万吨，较 2018 年增长 1.6%。2010—2019 年 10 年间全球茶叶进口量变化不大，基本稳定在 170 万吨上下，总体呈缓慢上升态势，十年间的复合增长率约为 0.96%。

在各主要进口国中，巴基斯坦 2019 年茶叶进口量延续上涨趋势，进口 20.6 万吨，增长 7.3%，稳居全球第一，主要供应国为肯尼亚，从肯尼亚进口 15.8 万吨，占比 77%；埃及、摩洛哥、伊朗等国家茶叶进口量增长明显，俄罗斯、美国、英国等欧美国家的茶叶进口量在 2019 年持续下滑，俄罗斯的进口量在 2019 年更是减少了近 10%；此外，阿联酋和伊拉克的进口量也有出现不同幅度下滑。

最新的中国茶叶数据

中国茶叶流通协会2021年公布的2020年中国茶叶相关数据（未包括中国台湾）：

1. 中国茶园种植面积

2020年全国18个主要产茶省（自治区、直辖市）茶园总面积4747.69万亩，比去年增加149.82万亩，同比增长3.26%。其中，可采摘面积4152.18万亩，比去年增加461.41万亩，同比增长12.5%。

2. 中国茶叶产量

茶叶产量从2016年的231.33万吨增长至2020年的297万吨，2020年较上年增加19.28万吨，同比增长6.94%。绿茶产量184.27万吨，占总产量的61.70%，比增6.99万吨，增幅3.94%；红茶产量40.43万吨，占比13.54%，比增9.71万吨，增幅31.59%；黑茶产量37.33万吨，占比12.50%，比减0.48万吨，减幅1.28%；乌龙茶产量27.78万吨，占比9.30%，比增0.20万吨，增幅0.73%；白茶产量7.35万吨，占比2.46%，比增2.39万吨，增幅48.05%；黄茶产量1.45万吨，占比0.49%，比增0.48万吨，增幅48.78%。

3. 中国茶叶销量

茶叶国内销售量达220.16万吨，比去年增长17.61万吨，同比增长为8.69%。茶叶内销均价为131.21元/公斤，同比下降2.98%。国内销售总额为2888.84亿元，同比增长5.45%。其中：绿茶内销额1699.20亿元，占内销总额的58.8%；红茶500.85亿元，占比17.4%；黑茶301.57亿元，占比10.4%；乌龙茶280.72亿元，占比9.7%；白茶89.53亿元，占比3.1%；黄茶16.96亿元，占比0.6%。

4. 中国茶叶（业）标准

现行茶叶（业）国家标准 166 项，行业标准 171 项。茶叶（业）地方标准 826 项，覆盖全国 22 个茶叶主产销省区。2018 年 1 月 1 日起实施的新《中华人民共和国标准化法》正式赋予了团体标准法律地位，鼓励社会团体组织制定团体标准，构建了政府标准与市场标准协调配套的新型标准体系。截至目前，茶业团体标准共有 310 项。

参考文献

艾伦 · 麦克法兰，艾丽斯 · 麦克法兰 . 绿色黄金：茶叶帝国 [M]. 北京：社会科学文献出版社，2016.

曹元 . 本草经 [M]. 上海：上海科学技术出版社，1987.

常璩 . 华阳国志 [M]. 任乃强 , 注 . 上海：上海古籍出版社，1987.

陈彬藩，余悦 . 中国茶文化经典 [M]. 北京 : 光明日报出版社，1999.

陈椽 . 茶业通史：第 2 版 [M]. 北京 : 中国农业出版社，2017.

陈宗懋 . 中国茶经 [M]. 上海 : 上海文化出版社，1992.

陈宗懋 . 中国茶叶大辞典 [M]. 北京 : 中国轻工业出版社，2000.

陈祖椝，朱自振 . 中国茶叶历史资料选辑 [M]. 北京：中国农业出版社，1981.

川木 .21 世纪与茶文化 [M]. 北京：文化艺术出版社，1998.

段铁军 . 茶马古道 [M]. 香港：中国现代美术出版社，2009.

福建省人民政府新闻办公室 . 八闽茶韵丛书 [M]. 福州：福建科技出版社，2020.

高晓涛，陈丹，刘勤晋，等 . 茶叶之路 [J]. 西藏人文地理，2005.

黄宏文，孙卫邦，等 . 中国迁地栽培植物志 · 山茶科 [M]. 北京：中国林业出版社，2021.

蓝增全，沈晓进 . 澜沧江孕育茶文明 [M]. 北京：中国林业出版社，2021.

李斌城，韩金科 . 中华茶史（唐代卷）[M]. 西安：陕西师范大学出版总社，2013.

连横 . 台湾通史 [M]. 北京：商务印书馆，2010.

刘义庆 . 世说新语 [M]. 西安：三秦出版社，2008.

陆羽 . 茶经 [M]. 刻本 . 北京：国家图书馆出版社，2019.

马克曼 · 埃利断，理查德 · 库尔顿，马修 · 莫格 . 茶叶帝国：征服

世界的亚洲树叶 [M]. 高领亚，徐波，译 . 北京：中国友谊出版公司，2019.

农业部农业司，中国农业科学院茶叶研究所 . 中国茶树优良品种集 [M]. 上海：上海科技出版社，1990.

欧阳修，宋祁 . 新唐书 [M]. 北京：中华书局，2003.

荣西禅师 . 吃茶记 [M]. 施袁喜 , 注 . 北京：作家出版社，2015.

沈冬梅，黄纯艳，孙洪升 . 中华茶史（宋辽金元卷）[M]. 西安：陕西师范大学出版总社，2016.

司马迁 . 史记 [M]. 北京：中华书局，1982.

宋濂 . 元史 [M]. 北京：中华书局，1976.

孙樵 . 孙可之文集 [M]. 上海：上海古籍出版社，1994.

童启庆 . 茶树栽培学 [M]. 北京：中国农业出版社，2000.

脱脱 . 宋史 [M]. 北京：中华书局，1977.

王镇恒，王广智 . 中国名茶志 [M]. 北京 : 中国农业出版社，2000.

威廉 · 乌克斯 . 茶叶全书 [M]. 北京：东方出版社，2011.

吴觉农 . 茶经述评：第 2 版 [M]. 北京 : 中国农业出版社，2005.

许慎 . 说文解字 [M]. 影印 . 北京：中华书局，2004.

杨衒之 .《洛阳伽蓝记》译注 [M]. 周振甫，译注 . 南京：江苏教育出版社，2008.

张廷玉 . 明史 [M]. 北京：中华书局，1974.

中国茶叶流通协会编写组 .2021 中国茶叶发展报告 [M]. 北京：中国轻工业出版社，2021.

周国富，姚国坤 . 世界茶文化大全 [M]. 北京 : 中国农业出版社，2019.

周志刚，周洁琳 . 陆羽年谱 [M]. 西安：陕西师范大学出版总社，2021.

朱自振，沈冬梅，培勤 . 中国古代茶书集成 [M]. 上海：上海文化出版社，2010.

庄晚芳 . 中国茶史散论 [M]. 北京：科学出版社，1989.

后 记

中国是茶的故乡，茶叶是中华农耕文明的精华。茶树经过光合作用，将太阳能直接转化为人类营养和活动的能量来源。茶叶承载着绿色，承载着阳光，承载着文明，承载着人与自然的生命形态。

数千年来，中国人“柴米油盐酱醋茶”“琴棋书画诗酒茶”“比屋之饮”，茶从国饮到世界之饮，茶穿越历史、跨越国界，深受世界各国人民喜爱。联合国设立“国际茶日”，体现了国际社会对茶叶价值的认可与重视，对振兴茶产业、弘扬茶文化很有意义。从中国视野认识“茶文化、茶产业、茶科技统筹发展”；从世界视野认识“文明交流互鉴”的重要性；深化茶文化交融互鉴，让更多的人知茶、爱茶，共品茶香茶韵，共享美好生活；以茶为载体传播中华文化，让茶传递文明、交流互鉴，让茶温馨友谊友善的心灵，助力构建“人与自然生命共同体”，同时呼唤更多具有新时代视野的茶类图书出版。

“中华茶文化经典丛书”应新时代呼唤而生。《茶之最》是一本知识性、科普性、大众性的茶类图书，也是“中华茶文化经典丛书”的第一本，是从新时代视野传播中华茶文化的积极实践。

《茶之最》在中国林业出版社的支持下，终于付梓了。感谢中国林业出版社，感谢责任编辑和审校等出版发行者的努力和付出，感谢所有参考文献巨著作者的先行创作，感谢创作过程中各位专家老师的真诚帮助，最后特别感谢读者的期待和推荐。

“中华茶文化经典丛书”将坚持把社会效益放在第一位，追求社会效益与经济效益的有机统一，突出“五个创新”（即选题创新、题目创新、编校创新、体例创新、知识创新）和文化价值再造，把更多具有新时代视野的茶文化经典奉献给读者。

陈伟群

2021 年 11 月